数字经济创新驱动与技术赋能丛书

Technics Publications

数据认知手册

在数据科学、人工智能等领域
使用启发式方法提升创造力

（Zacharias Voulgaris）

[美] 撒迦利亚·沃加里斯◎著

胡本立　马欢◎等译

机械工业出版社

CHINA MACHINE PRESS

本书聚焦"启发式方法"这个主题，分5个部分进行介绍。第1部分概述了各种类型的启发式方法；第2部分侧重于面向数据的启发式方法及其在数据科学问题中的应用；第3部分诠释了面向最优化的启发式方法，以及它们如何解决具有挑战性的最优化问题；第4部分是讲解如何设计和实施新的启发式方法，以解决特定问题的相关内容；第5部分介绍了关于启发式方法的其他主题，如透明度和局限性等。

本书适合从事和计划从事数据科学领域相关工作的读者阅读。

图书在版编目（CIP）数据

数据认知手册：在数据科学、人工智能等领域使用启发式方法提升创造力／（美）撒迦利亚·沃加里斯（Zacharias Voulgaris）著；胡本立等译 . —北京：机械工业出版社，2023.9
（数字经济创新驱动与技术赋能丛书）
书名原文：The Data Path Less Traveled：Step up Creativity using Heuristics in Data Science，Artificial Intelligence，and Beyond
ISBN 978-7-111-73942-5

Ⅰ.①数…　Ⅱ.①撒…②胡…　Ⅲ.①数据处理–手册　Ⅳ.①TP274-62

中国国家版本馆 CIP 数据核字（2023）第 185660 号

机械工业出版社（北京市百万庄大街 22 号　邮政编码 100037）
策划编辑：张淑谦　　　　　　　　　责任编辑：张淑谦　李晓波
责任校对：王乐廷　牟丽英　韩雪清　责任印制：单爱军
保定市中画美凯印刷有限公司印刷
2023 年 12 月第 1 版第 1 次印刷
184mm×240mm · 11.5 印张 · 1 插页 · 174 千字
标准书号：ISBN 978-7-111-73942-5
定价：79.00 元

电话服务　　　　　　　　　网络服务
客服电话：010-88361066　机 工 官 网：www.cmpbook.com
　　　　　010-88379833　机 工 官 博：weibo.com/cmp1952
　　　　　010-68326294　金 书 网：www.golden-book.com
封底无防伪标均为盗版　机工教育服务网：www.cmpedu.com

本书翻译组

组　长

胡本立　DAMA China 主席

组　员（按姓氏笔画排序）

马　欢　《DAMA-DMBOK 数据管理知识体系指南》《首席数据官管理
　　　　手册》等书主译者

朱　桢　上海邓白氏商业信息咨询有限公司　营销产品线负责人

朱晨君　西部数据交易中心　市场部负责人

刘诚燃　上海熵衍信息技术有限公司　创始人

刘　俊　上海药明生物技术有限公司　数字化主任

李天池　中国软件评测中心　高级咨询顾问

李德金　山东省大数据中心　大数据工程师

张　顺　天津智慧城市研究院　咨询总监

郭　媛　海促会浦江学术委员会　学术委员

赖志明　北京青麦科技有限公司　数据架构师

推荐序

Recommendation Preface

当今社会，数据驱动的模式已经深深扎根于我们的生活和工作之中。但是如何在这个模式中脱颖而出，成为一名高级数据专业人士呢？AI 相关的知识技能无疑是首选，然而，一些创造性的工具（即启发式方法）同样可以产生深远的影响，启发式方法使一些技术成为可能并提升了其可扩展性。可惜的是，这是一条不常被人关注的人迹罕至之路。在数据科学、机器学习和图像处理等多个数据相关领域，启发式方法已经成为一种活跃的研究领域。此外，启发式方法在一些小众应用，如网络安全中，也起到了关键作用。人工智能背景下，随着多种数据驱动方法的出现，启发式方法将逐渐成为数据工作的前沿研究领域。

本书是一本由国际资深的数据科学家和人工智能专家编写的数据科学领域图书，它以实践为导向，探讨启发式方法在数据科学中的应用，是一本非常有价值的指导手册，它对于那些希望在数据科学领域提高自身技术能力和创新能力的人来说具有重要的参考价值。

首先，本书重点讨论了启发式方法在数据科学中的应用，这一视角非常独到。启发式方法已经在优化相关的应用中被数据专业人士使用了很多年，而且它在机器学习、图像处理等各种数据相关领域也是一个活跃的研究方向。在网络安全等特殊应用中，启发式方法也起着重要的作用。

其次，本书通过通俗易懂的案例，解释了启发式方法如何帮助我们解决挑战性问题。这使得读者能够在实践中更好地理解和掌握启发式方法。此外，书中还提供了编码环境，读者能够亲自实践所有的技巧并探索自己的一些技巧，这对于提高读者的技术能力是非常有帮助的。

总之，通过本书，你将学会如何在数据科学中熟练使用启发式方法，以便更高效地产出高质量的成果。

　　如果你是一个数据科学家、数据分析师、AI 研究员或者是对数据和人工智能领域充满兴趣的人，本书都是一个很好的选择。这是一次探索和自我挑战的机会，让我们一起走上这条数据蹊径吧！

吴志刚

中国软件评测中心副主任

译者序 Translator's Preface

世界正在走向数字化。

数字化的两个基本要素就是数据以及人如何利用数据的技术。在数据分析和机器学习解决方案中广泛应用的各类算法，被誉为数字化技术中的明珠。作为对解题方案准确而完整的描述，算法通常分为两大类别：最优化算法和启发式算法。

这两者之间的区别可以简单理解为：问题的解空间较小时，利用最优化算法，可以找到唯一的全局最优解；问题的解空间较大时，利用最优化算法找不到最优解，甚至次优解也找不到，这时可以利用启发式算法来寻找一个次优解来代替全局最优解。

相对于最优化算法，基于直观或经验的启发式算法是在许多复杂场景下处理复杂问题时的一种现实的方法（论），是人与数据互动全过程中对各种处理、决策行为的一种合理选择。

读者可以发现这不是一本一般意义上关于数据或数据管理的书，也不是单纯讲机器学习和人工智能的书，如国际著名数据建模专家 Steve Hoberman 所言，本书是目前关于"数据科学和人工智能领域唯一一本完全致力于启发式领域的书"。

对传统数据管理行业来讲，本书也是一本作者如何通过启发式探索性数据分析（EDA）把传统数据管理连接数据科学和人工智能的尝试和经验总结，在人与数据互动中的各种处理方法和方式方面，有助于读者拓展理解、参考和实践。

除了翻译组成员，还有一些专家也参与了本书的校对工作，他们是上海东软研究院崔朝辉、便利蜂杨海朝博士、天津智研院秦洁、上海大数据中心陈磊、国网大数据中心王耀影、画龙大数据部耿威。在此对所有译校人员的贡献表示感谢！

胡本立

世界银行原首席技术官

DAMA China 主席

前言

本书采用动手实践的方法，通过数据分析、数据科学和人工智能（AI）中的启发式方法来解释创造力。本书内容分为 5 个部分，每个部分都包含了探索和采用启发式方法来解决问题的相应内容。

解决问题的能力在分析项目时是不可或缺的，总有一些问题是现成的算法或公式不能涵盖的，这些需要额外的关注。解决问题还是一项技能，是岗位职责的一部分。但很多问题解决的时候会非常耗时，有时候甚至在现有的资源情况下是不可行的。需要寻求外部的帮助，这样可以节省时间来完成其他事情。

启发式方法可以提供这样的帮助，尤其是当涉及与数据相关的问题时。这些工作不一定与核心分析工作本身有关，有时只需要优化一个数学函数，或者优化一个有可能成为数据管道瓶颈的过程。与在数据科学和人工智能中遇到的其他度量和方法不同，启发式方法还需要有创造力。结合脚踏实地解决方案的工程思维，启发式方法可以成为一种宝贵的资产，为分析专家和问题解决者带来价值。

本书第 1 部分概述了各种类型的启发式方法。第 2 部分侧重于面向数据的启发式方法及其在数据科学问题中的应用。第 3 部分诠释了面向最优化的启发式方法，以及它们如何解决具有挑战性的最优化问题。第 4 部分是讲解如何设计和实施新的启发式方法，以解决特定问题的相关内容。第 5 部分介绍了关于启发式方法的补充主题，如局限性和透明度等。

每章的小结部分都强调了各章的要点内容，术语解释了本领域内的重要术语，附录包含了有关启发式方法和相关编程工具的参考资料。此外，有部分章节的实践材料使用了 Julia 语言代码（.jl 文件），本书所有代码可以直接下载，具体下载方法可见本书封底说明。

也许你渴望了解更多关于"启发式方法"的信息，事不宜迟，让我们开始吧！

目录

Contents

第 3 部分　面向最优化的启发式

第4部分 设计和实施新的启发式方法

第 5 部分　启发式方法补充主题

1

第1部分

关于启发式方法

启发式方法只是解决特定类型问题的指南或大致的规则。

谢勒什·希拉里（Shailesh Shirali）

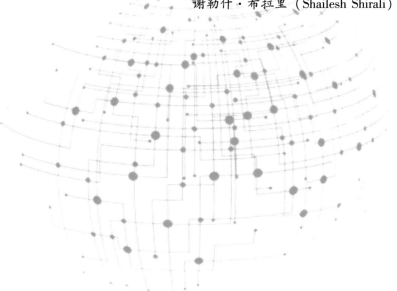

1

创造性解决问题

1.1 解决问题

在掌握了数据科学或数据分析的基础知识之后，学习者需要更深入地钻研。毕竟，我们获得回报不是因为拥有一些领域的知识，而是因为能够解决问题。能解决问题是数据科学中一项非常有价值的技能，我们必须能够解决那些既复杂又具有挑战性的问题。

如果面对的不仅是数字计算问题，这种解决问题的技能就变得更加重要了。例如，当今组织中的许多流程都涉及最优化，最优化就是要找到最佳解决方案。它们可能是使给定指标最大化或最小化的一个值或一组值。因此，在这种情况下，解决问题就是有效和高效地进行优化。不幸的是，一切并不像说起来那么容易！这些流程通常涉及太多的变量，使得搜索空间巨大，无法使用基本的优化方法进行管理。

解决问题当然还包括其他技巧，如在更抽象的环境中找出可行策略。例如，决定使用哪些工具，以及如何在给定时间范围内实现设定目标。尽管这类问题的表述和解决更具挑战性，但正确的辅助工具可以简化问题，或者让我们能够从不同的角度看待问题。幸运的是，这些工具是已知的，至少在某种程度上是已知的，你可以在一定程度上熟练掌握它们。不幸的是，就算你特别想要充分利用它们，它们却并不是那么容易掌握。我们将这些工具称为启发式方法，由于没有更恰当的术语，可能这个术语表达的含义相对有限。解决问题不是一个可以轻松掌握的技能，而是一种需要不断完善的能力。启发式方法对解决问题有很大帮助，尤其是在刚开始的时候。

最好先了解相关的基础知识，因为启发式方法需要它们。这些基础知识就像乐高积木，你可以用它来设计和构建更精巧的结构。启发式方法是思维的捷径，让你能够在这些近乎无限复杂的精巧结构中取得进展。作为奖励，它们让整个过程更加愉快，因为它们强调了一些超越僵化规则和既定路径的东西，磨炼了你的创造力和直觉。

1.2　解决问题过程中的创造力

创造力是一项内涵非常广泛的技能，适用于数据科学的各个方面。创造力让你能够探索新的可能性，更实际地探索给定问题或任务的新方案。这也是它与问题解决有内在联系的原因之一，相比数据科学领域的任何其他软技能，创造力都更加重要。想想在面对棘手问题时，听过多少次"创造性地解决方案"这个说法？

解决问题过程中的创造力就是以一种非常有效的智能方式探索解空间。它通常涉及利用对问题的一些理解，帮助你更快、更智能地遍历解空间。然而，要自动化这一切并不容易，通常需要一种新颖的方法或策略。但是并非所有新颖的方法都有效，如果随机选择一种策略，它很可能不起作用。不过，如果利用随机性来探索之前从未探索过的解决方案，或许是可行的。这并不是说要通过掷硬币来解决问题，但如果能将整个过程表达得让计算机能够理解，那么随机法就是一个有用的工具。

试错法是随机法的替代方案，在设计度量标准或解决问题的方法时，它省去了很多猜测工作。一旦从数学上定义了某个问题（在可能的最大程度上），就可以开发一个工具来帮助衡量进度，也许一组经验法则就可以指导你找到所需的解决方案。然后，通过尝试各类其他方法，可以逐渐建立起一种启发式方法，使整个过程更易于管理和理解。因此，在某种程度上，启发式方法可以认为是创造力的一种表达，一种至少能解决问题的表达。

请注意，创造力可以在许多解决问题的场景中发挥作用，而不仅是那些具有挑战性的场景。事实上，通常最好在现有的简单问题上进行尝试，然后慢慢增加问题的难度。在解决问题的过程中，你可以完善对问题的理解，从而完善启发式方法，逐渐完善解决问题的策略。毕竟，解决问题的最好方法就是变得更善于解决问题，启发式方法是一种非常宝贵的创造力。

> 你使用启发式方法的次数越多，就越能更好地使用它们来解决遇到的任何问题，至少在与数据和最优化相关的场景中是这样。

1.3　人工智能与创造力

人工智能也需要创造力。毕竟，人工智能以其多样化的应用和对不同领域复杂问题的创造性解决方案给人们留下了深刻印象。它甚至在设计任务方面取得了长足进步，在那之前，这些任务曾被认为是只有人类才能处理的事情，至少针对那些需要以创造性方式处理的事情是这样的。

当然，如图 1.1 所示，人工智能是以完全不同的方式处理创造力的。尽管如此，它仍然有效并且非常适用，所以创造性的人工智能系统必须做些正确的事。

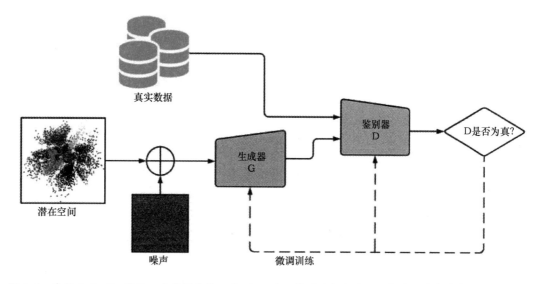

图 1.1　基于 I. J. Goodfellow 及其团队的工作（2014），展示了如何在人工智能环境中产生创造力的过程

（它可能不像我们体验到的创造力那么有趣，但这就是计算机理解和表达的方式）

AI 通过利用随机法在解空间中创建新点（即新的解）来执行创造性任务。然后，检查每个解，看它是否足够"真实"（即有效选项）。多次重复此过程，直到出现更现实的解。因为解空间可以代表任何东西（对计算机而言都是 1 和 0），所以这些解可以适用于任何问题。唯一的要求就是，问题需要明确定义并用数字表示。

这个简单的要求，使得解空间成为一个有限的实体（尽管相当大），并且在算法上具备了可行性。通常情况下，解空间需要多个维度，这让整个过程在资源方面要求很高。毕竟，人工智能不只是提出解决方案，而是从整个过程中"学习"，再生产其他类似的解决方案。换句话说，它开发了一种分类映射机制，将现实的解决方案与输入联系起来，因此它"知道"哪些变量值（解空间中的值）的组合能生成足够好的解决方案。

但是人工智能怎么评估解决方案？这就是人类的用武之地了。毕竟，学习过程不可能在真空中进行，这种知识需要来自某个地方。在有些情况下，环境定义很明确，例如在游戏中，这些知识可能来自游戏给 AI 的反馈（如获得的分数或获胜结果）。但是，如果整个过程颠倒过来，没有任何 AI 存在，你只有利用计算机的辅助来解决问题，那会怎样？这就是启发式方法以非常实用和实际的方式起作用的地方。

1.4 脚踏实地的创造力

如何利用创造力来解决问题？这是**脚踏实地的创造力**的来源，虽然它不是一个官方术语，但它确实将这种创造力与抽象的创造力区分开来，后者通常用于其他更具艺术性的领域。此外，在数据科学领域，如果我们想要提供任何价值，就需要脚踏实地、亲力亲为。

脚踏实地的创造力本质上是应用于解决问题的创造力。创造性解决问题涉及解决数据科学和优化的相关问题，并提供足够好的解决方案。为什么是足够好的解决方案？当我们以务实的方式解决问题时，无法选择理论上最好的方案，因为它们通常可望而不可及。换句话说，需要巨大的计算资源才能找到这些"完美"的解决方案。相比之下，其他足够好的解决方案可能是更好的选择，因为它们物有所值。幸运的是，启发式方法可以在这方面为我们提供极大的帮助。

然而，创造性解决问题并不仅仅包括启发式方法，这是一种涉及发挥想象力和提出新想法的思维方式，启发式方法可以成为培养这种思维的好工具。使用它们的次数越多，对它们的理解就越好，感知的范围也就越广。此外，可以创建自己的启发式方法，从而得出更好的解决方案并提高解决问题的能力。

专业知识在我们的工作和解决问题过程中是非常宝贵的。所以，在处理复杂项目时，主题专家（SME）受到重视是有原因的。专业知识加深了我们对问题的理解，并帮助我们制定更完善的解决方案。就像评估 AI 方法中解决问题的"真实"程度一样，主题专家可以为我们提供必要的反馈，帮助我们通过解空间来完善过程。

1.5 小结

由此可见，创造性地解决问题涉及多个方面，既需要想象力，又需要对特定领域发生的事情有脚踏实地的了解。如果我们要有效地解决问题，就需要利用一些捷径和经验法则。启发式方法通常可以体现这些，并帮助我们以数据驱动的方式更快、性价比更高地解决问题。

第 2 章

什么是启发式方法

2.1　启发式方法概述

让我们从数据科学和人工智能的启发式方法来开始这段启发式旅程。

> 启发式方法是一种经验方法或算法，它提供有用的工具或洞察力来助力方法或项目。

洞察力可能与数据科学、人工智能的其中之一相关或两者均相关。注意，这是我为这样的技术学科下的定义。在心理学中，它有一些不同的含义，即一种有助于推理的心理捷径或经验法则。

注意，启发式方法可以采用函数的形式应用，可以将其作为辅助脚本实现，还可以选择你偏好的编程语言来体验启发式方法。尽管任何数据语言都可以，但我们将在本书中使用 Julia，这是一种高效并且易于使用的语言。

此外，启发式方法完全由数据驱动，专注于高效且可扩展地执行特定任务。请记住这一点，在心理学意义上讲，这是一个很好的标准，可以识别哪些度量指标和方法符合启发式特点，哪些不符合。

启发式方法并不广为人知，这一事实并不妨碍你利用它。尽管它是一个流行的研究手段，毕竟，它只是数据科学和人工智能领域的一个小众话题。当然，它们正变得越来越受欢迎，你可能会发现（甚至在自己都不知道的情况下），其实自己已经在某种程度上使用它了。我们要对启发式方法保持开放的心态，并在掌握了相关基础知识以后再扩展使用范围。

启发式方法可以被视为一种计算量小、但用处很大的方法，它可以在节省时间和计算资源的前提下产生结果。启发式方法产生的结果可能并不总是准确的，但它非常接近所需的解决方案，有时甚至是唯一可用的解决方案。当然，不能将整个分析都建立在启发式的基础上，但可以广泛地依赖它们来更好地理解数据，并且近似估算与数据相关的问题。

本章将介绍用于指标和算法的启发式方法，并说明一些重要的注意事项，为后续章节奠定基础。在后续章节中我们将更详细地研究启发式方法，尤其是与数据科学和人工智能相关的应用。如果你需要任何启发式方法相关术语的更多信息，可以随时查阅书后的术语表。同时，回顾一下在工作或经历中与之相关的具体案例，这可以帮助你巩固本书描述的内容，并将它变成自己的东西。

2.2　启发式度量指标

启发式理念应用于度量指标是现代数据科学工作的理想选择，因为它完美地结合了传统分析和数据驱动分析。事实上，它是数据驱动范式的基石，同时，它们也从传统分析背后的模型驱动范式中借鉴了很多。

启发式的度量指标，在理论上的作用不大。它们只是对特定问题有效，并用于衡量我们需要衡量的东西，这也是其相对容易应用的原因。启发式度量指标是一个强大的工具，但仅适用于该指标相关的问题。这些问题将在本书后面内容中予以介绍。

此外，启发式的度量指标是此类工具最普遍的应用，许多人认为这是理所当然的。有一些众所周知的启发式指标，如用于评估与给定类别相关的分类器性能 F1 分数，或是向我们展示两个数据点之间相似性的各种相似性指标，这些指标非常流行，而且由于经常使用，人们并没有太多考虑它们。这也是人们为什么不怎么使用启发式这个词来描述它们的原因。

启发式度量指标经常应用在数据科学工作中，尽管它们不局限于数据科学。然而，如在诸如优化之类的抽象 AI 应用中，将它们与实际数据一起使用，比与任意函数的输出一起使用更有意义。当然在任何情况下，它们都非常有价值，在某些情况下更是一种灵活的工具。它们的灵活性取决于你对它们的了解程度以及解决问题的技能。

尽管启发式度量指标与传统统计有些相似，但它们是数据驱动模式中非常强大的工具。因此，无论你什么时候使用机器学习以及相关方法，都一定会以某种方式与启发式方法打交道。

> 由于启发式方法未得到充分利用，因此还有许多未开发的潜力。启发式度量指标仍然有很大的增长和发展空间。

2.3　启发式算法

启发式用于算法设计比用于指标更受欢迎，至少对于比较流行的数据科学和人工智能而言是这样的。因为启发式用于算法的时间更长，所以在数据科学和人工智能这两个领域中都有很多应用。事实上，如果不使用与算法相关的启发式方法，人工智能很可能不会有太多进展。数据驱动的数据科学，尤其是机器学习领域同样如此，它在很大程度上也依赖于这些基于启发式的方法。

更重要的是，启发式算法是解决复杂问题的理想选择。此类问题可能涉及更高维度、更多约束，或者是需要大量计算能力才能分析处理的一些情况。也许这就是启发式算法对优化问题和一般人工智能问题特别有用的原因，尽管这种启发式方法其实也适用于涉及流程的所有场景。在各种情况下，启发式算法都需要相对灵活的空间和具备可扩展性，才能使其发挥作用。

例如，可以将启发式的算法用于特征工程和各种自然语言处理（NLP）场景，来查找数据集的最佳变量，甚至可以把今天使用的常见聚类算法也看成启发式算法。同时，由于我们对数据驱动方法中启发式算法根深蒂固的理解，许多人在听到启发式这个术语时错误地联想到了这种启发式。但是学术界更认同的是，启发式一词在工作中具有的特殊含义，它通常与促进解决复杂问题的指标和方法有关。

启发式算法是一个更具挑战性的领域，需要对问题有很好的理解。也许这就是为什么大多数从业者在寻求新问题的解决方案时不选择它们的原因。毕竟，开发一种新的启发式方法并不是一件简单的事情，稍后会讨论这一点。尽管如此，有时开发新的启发式方法也是必要的，尤其是当问题太难或计算成本太高而无法用其他方法来解决时。

就像其他类型的启发式方法一样，启发式算法具有大量未开发的潜力，尤其是在研究方面。因此，在启发式算法研究领域有大量的理论创新方法。例如，在涉及最优化问题时，新的启发式算法经常作为解决极具挑战性问题的潜在方法出现在论文中。

2.4　重要注意事项

当涉及启发式方法时，有一些重要的注意事项。首先，对你而言把启发式方法用于度量指标可能是全新的领域，因此学习和应用需要一个过程。不过，某些启发式指标经常被广泛应用，这可以作为很好的起点。我们将在本书稍后部分介绍它们。

其次，启发式方法不是灵丹妙药，即使它们是表达创造力的有力工具。启发式方法具有很大的潜力和很多应用可能性，可以让你更轻松地解决问题，但启发式方法无法解决每一个问题。即使启发式方法有可能解决一个非常具有挑战性的问题，但这并不意味着它是全能的，而且在应用过程中也许需要对它做一些改进或改变。

再次，与算法相关的启发式方法可能会有很多变体。与之相比，与指标相关的启发式方法很少出现这种情况。因为与算法相关的启发式方法存在了更长的时间，所以，它们可以分化出不同的变体，以不同的方式解决问题，有时会更高效。启发式方法所解决的问题通常更广泛，并且可以提供不同的解决方案，如多变量优化问题。

同时，启发式方法是否有用，取决于你对如何利用它来解决手头问题的理解。启发式方法可能非常强大，但如果不了解它是如何工作的，以及需要调整哪些参数，可能不会产生预期的结果。即使有可用的文档，启发式方法也很难精通，尤其是对于复杂的问题而言。也许这就是为什么启发式方法不如数据科学和人工智能的其他部分那么受欢迎的原因。

尽管有诸多考虑因素，以及将在本书中讨论的更多其他因素，启发式方法还是非常实用的。

2.5　小结

本章解释了启发式方法及其重要注意事项。我们看到启发式方法可以用于度量指标或算法，通常表示为编程函数或辅助脚本。

启发式方法用于度量指标（数据驱动范式的基石），特别适用于数据科学问题。启发式方法用于算法，通常适用于人工智能相关问题和复杂问题。作为一般规则，计算成本太高而无法分析解决的问题，通常可采用启发式方法。

请记住，启发式方法的有用性取决于你对如何利用它来解决手头问题的理解，这是可以通过实践实现的。与此同时，在第 3 章将研究元启发式方法以及它们与传统启发式方法的区别。

3

启发式与元启发式方法

3.1　元启发式方法概述

现在让我们换个话题，谈谈元启发式方法，它在概念上与启发式方法不同。元启发式方法是一种与问题无关的高级方法框架，它提供了一组用于开发启发式优化算法的原则或策略。整个优化方法通常被称为"元启发式方法"。此外，在其中使用其他更简单和更通用的启发式方法并不罕见，就像集成模型在后端使用更简单的模型一样。正如稍后将在本书中看到的那样，如今许多数据模型和一些高级优化方法都采用了这种理念。

元启发式方法的出现是因为传统的优化方法无法解决数据相关领域的现有问题。此外，有时即使是传统优化器可以解决的传统问题，也可以用元启发式方法来更好地解决，因为传统方法需要更多时间或计算资源。尤其是计算资源不足会使得大规模解决此类问题变得不现实，使得元启发式方法的发展成为必然。

元启发式方法一个鲜为人知的好处是，它表达了对问题的不同思考方式。它们不是在寻找绝对的最优解，而是在解的准确性方面容忍了一些随机性和妥协性。这对数学家来说似乎是谬论，但在实践中，"近似解"比需要很长时间才能得到的"精确解"更有用。因此，在某种程度上，元启发式方法是更符合解决问题的工程学方法。

> 我们关心的是能找到一个足够好的解决方案，而不是在数学上优雅但却在现实中无法实现的解决方案。

还可以将元启发式方法视为处理复杂优化问题的创造性方法。与其走现成的熟路，不如冒险独辟蹊径，这对处理手头的问题会更好。毕竟，至少在目前的技术可行的情况下，还没有解决问题的灵丹妙药，量子计算技术虽然非常有前途，但目前还没有实现。在涉及此类问题的诸多情况下，这种具有创造力的工具可能是目前可以使用的最好工具。

本书中将元启发式方法也归类为启发式方法。图 3.1 所示为启发式方法的分类。不过在实践中，可能会发现图中所示的各类别之间是相互重叠的。

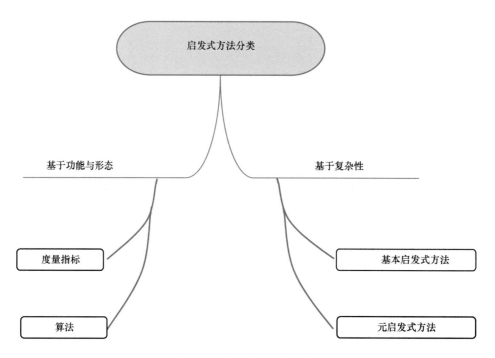

图 3.1 启发式方法的分类

3.2　何时使用元启发式方法

元启发式方法在解决复杂的最优化问题方面非常流行，特别是在涉及变量很多的时候。如果你曾尝试使用多个变量来解决某一类问题，就会知道复杂性会随着变量数量的增加呈指数级增长。更重要的是，在一些最优化问题中，我们不知道与这些变量相关的目标函数的导数，甚至可能没有导数。因此，使用导数的传统优化器不适用于这些情况（因为导数数据不可用），所以必须使用基于启发式的替代方案。

此外，有些情况目标函数值很容易找到，不需要很高的计算成本。因此，可以利用一系列这样的值将它们结合使用，视其为解决方案的集合——这是许多元启发式方法中非常流行的概念。这些内容将在后文中详细讨论。

另一种情况是，由于计算目标函数的大量值需要花费很多时间或计算资源，因此可能无法进行大量的计算。在这种情况下，我们需要降低调用频度，因此应该选择不需要很多步骤的优化策略。这就转化成为完全不同的元启发式方法。当然，这很可能是现有算法的变体，因此了解各种元启发方法及其应用是大有裨益的。

由于不同的元启发式方法想象的空间巨大，因此这种创造性工具的作用是不可限量的。然而，当采用新的元启发式方法时，可能需要一些准备时间来确保它的工作足够出色，以增加其价值。这就是为什么最好将元启发式方法用于传统方法无法解决或不适用的问题上。

最后，每当你研究解决最优化问题的新方法时，都可以考虑元启发式方法。然而，这并不意味着你需要成为一名专业研究人员。例如，你可能需要优化一个特定的流程，同时对其他优化器的表现也不满意，因此你决定调整方法，并创建自己的元启发式方法变体。这种元启发式方法可能不具有通用价值，但对于特定问题来说可能是最佳的解决方案。

3.3 适合元启发式方法的问题

元启发式方法发挥作用的典型场景是 NP（Non-deterministic Polynomial，非确定性多项式）难题（定义见术语表）。具体来说，当谈到数据科学时，许多与数据工程相关的任务都是 NP 难题。典型的场景包括当原始特征集非常庞大时的特征选择，即需要考虑各特征之间的相关性。当然，如果存在一个目标变量，可以将每个特征与该变量相关联（尽管有时无法找到稳健的解决方案），你可以将此方法视为一种启发式方法，用在概念验证（POC）项目中。

聚类是另一个与元启发式方法相关的问题。这是一个经典的 NP 难题，很难解决。这也是为什么会有如此多聚类算法的原因之一。它们不能以确定性的方式轻松解决（使用正确的启发式算法是可能的），因此通常采用随机算法。聚类可以使用各种启发式方法和元启发式方法（只要是涉及最优化的场景）。请注意，在聚类的情况下，复杂性源于数据点的数量，而不是特征（维度）的数量，以及存在太多潜在解决方案的事实。幸运的是，由于我们经常使用聚类的方式进行数据探索，因此没有人对解决方案的精确性要求过高。这使得启发式方法和元启发式方法成为解决此类问题的理想选择。

此外，数据合成（Data Synthesis）过程中涉及的各种问题，也可以考虑用元启发式方法解决。数据合成是创建遵循原始数据集模式（几何结构）的新数据点的过程。尽管对于低维数据，这项任务似乎非常简单，但当涉及太多特征（维度）时，它就变得相当具有挑战性。使用一些随机函数创建数据点非常容易，但要使它们与原始数据集的模式对齐则是一个 NP 难题。幸运的是，通过正确的启发式方法和元启发式方法，会让这项任务变得易于管理。我们经常使用一种称为自动编码器的 AI 系统来实现这类应用。

最后，数据汇总（Data Summarization）——一种有效的数据压缩，元启发式方法也适用。这种任务类似于抽样，但更加复杂和精确。与随机选择数据点不同，抽样选择更有条理性和确定性。有时，类似数据合成，数据汇总也会创建新的数据点，不过在这种情况下，它们是原始数据点的聚合。要有效地汇总数据，就需要使用元启发式方法，否则，结果可能会没有价值或需要很长时间来处理。新的数据集包含与原始数据集相同的模式，但规模更小。创建这样一个压缩的数据集有许多好处，如节省计算资源。

还有其他一些问题也可以使用元启发式方法解决，因此，对元启发式方法及其面向未来解决复杂问题的能力应保持开放的心态。

3.4　重要注意事项

尽管元启发式方法表现出色，但它们并不总是即插即用的，某些情况下甚至不是最佳选择。元启发式方法可能会产生一个好的解决方案，但通常无法重现该解决方案。因此，如果其他人试图使用相同的元启发式方法解决相同的问题时，他们一定会得到略有不同的解。这在所有涉及随机性的过程中很常见。由于所有的元启发式方法都属于这一类，本质上它们是不可预测和不可重现的。幸运的是，通过使用伪随机数并跟踪用于实验的种子值，可以绕过这个问题。

另一件需要注意的事情是：元启发式方法通常涉及一组参数，这些参数对其功能表现影响很大。因此，参数的使用并不那么简单，即使可以使用参数默认值，但也可能因此无法得到预期的结果。为了解决这个问题，可以了解下元启发式方法的参数并适当调整它们。当你第一次使用元启发式方法时，可能需要使用不同的参数值运行多次，以了解这些值对结果的影响如何。此外，如果可用，最好首先查阅元启发式方法的文档。通常，元启发式方法是人工智能最优化领域的重要研究成果。所以，如果能深入研究，甚至阅读关于该主题的相应论文，对于深入理解启发式方法将大有帮助。但是，如果这种方式行不通（某些论文可能很难访问），还可以求助于描述该元启发式方法的演示文稿或教程。

元启发式方法在某些特定情况下可能效果不佳。它们可能很聪明，但如果它们不能解决你的问题，就要探索其他选项或者想出自己的方法。与传统的启发式方法一样，元启发式方法的目的是激发个人的创造力，而不是限制个人的创造力。

3.5 小结

本章将元启发式方法与启发式方法区分开来。启发式方法是帮助我们创造性地解决问题的度量指标或方法，而元启发式方法则侧重于解决最优化问题。由于其内在特点，元启发式方法在某种程度上更加复杂和专业，但对于解决复杂问题非常有用。此外，还看到元启发式方法适用于解决某些特定的 NP 难题，如特征选择（当有很多特征时）、聚类、数据合成和数据汇总等。这里需注意，这些问题是专门针对数据科学的，而元启发式方法也可以解决各种其他问题。最后，本章强调了元启发式算法的一些重要考量因素，如它们有一组影响其算法性能的参数。

第 4 章将探讨启发式方法的特定指标和方法，包括它们在实践中的表现、如何增加数据科学项目的价值，以及何时使用每一种启发式算法等。

第 4 章

4

特定的指标和方法

4.1　为什么启发式方法不可或缺

对于数据处理，我们有很多种选择，可以通过模型，或者是 ETL（Extract-Transform-Load）工具，但当面对复杂问题时，启发式方法更受欢迎。此外，即使自动化变得越来越普遍，这种情况在不久的将来也不太可能改变。

启发式方法是可扩展的，因此很容易插入到现有算法中或也可以单独使用它们，以更好地了解整个数据集。在当前的大数据时代，高性能数据工具不再是可有可无，而是必需品。

更重要的是，启发式方法具有数据驱动的特点，因此它们具有还原数据原貌的能力。这种客观性在其他度量指标中是罕见的，因为对数据分布的相关假设往往会导致偏差。启发式方法更类似于机器学习而不是统计学。这并不是说统计指标没有价值，而是它们不属于数据驱动这种新型数据处理模式，这种模式的使用率在过去几年一直在上升。考虑到这种方法对商业领域的价值，这种趋势将会保持。

尽管启发式方法不能替代数据模型，但它易于解释和交流，通常不需要高等数学知识。

最后，对于某些问题来说，启发式方法有时也是解决问题的唯一选择。

4.2 如何践行启发式方法

那么在与数据相关的工作中，如何践行启发式方法呢？答案是通过特定的度量指标和方法。除了其他类型的算法外，还可以包含元启发式方法。无论如何，它们的表现取决于面临的问题。这就是为什么你首先要清楚想从启发式方法中得到什么，这是非常必要的。因为无论启发式方法多么强大，用它代替数据模型都是不切实际的。后端的数据模型可能也会使用启发式方法，但轻易不能用单一启发式方法代替。

因此，要了解启发式方法需要实现的目标并明确其范围。否则，很容易误用，这会浪费时间和资源。我们还需要明确启发式方法的功能及其资源使用情况。否则，很难扩展使用。

如果你正在使用启发式方法，相应地管理自己的期望很重要。它可能比替代方案更好，如果它不够完美，这意味着可以随时改进它。这个过程可能并不容易，但通常是可行的。

最后，启发式方法必然会以某种形式出现，可能是先前创建的，抑或是潜在的。在前一种情况下，只需要使用一些预先存在的代码或对所涉及的算法进行编码即可（如果有权访问它的话）。

通常，以编程方式实现启发式方法并不难，但要使其具有良好的可扩展性可能并不那么简单。因此，在尝试任何操作之前，了解其范围和功能是非常重要的。此外，只要启发式方法能帮助我们更有效地解决问题，就有足够的理由去使用它们。

4.3 何时使用特定指标

下面研究一下启发式方法如何以度量指标的形式出现，以及何时使用对工作最有价值。与度量指标相关的启发式方法不同于统计指标，统计指标由原理、数学模型和一组基本假设支持。与度量指标相关的启发式方法是一个简单的数学对象，它试图展示某些努力为解决问题能够带来价值的东西。

因此，在探索性数据分析（EDA）中，有大量特定的指标采用启发式方法，以帮助我们更好地理解数据。从各种相似性度量指标（如秩相关性、Jaccard 相似性和余弦相似性等）到信息论中更复杂的度量指标（如熵和互信息等），都不乏可供使用的工具。通常情况下，当我们有一个需要预测的特定变量时，一般是在分类或回归设置中，倾向于将各种特征与该变量进行对比。这种做法可以作为特征选择的基础，后文会详细讨论这个问题。

此外，在特征工程中，特定的指标可以采用启发式方法提升价值。尽管与启发式方法相关的算法通常效果更为显著，但度量指标也可以支持这一点。例如，利用启发式方法来准确测量特征变量与目标变量之间的关系。在这种情况下，可以利用它来评估源于现有特征组合的新元特征［类似 PCA（主成分分析），但更好些］。作为奖励，可以在这些元特征中保持一定的透明度，如果想将预测回溯到其原始特征，这就会派上用场。换句话说，可以复制 PCA 的附加值，而无须依赖该方法，该方法虽然很出色，但扩展性不佳。

此外，在数据学习阶段训练模型时，经常也会使用启发式度量指标，如决策树和基于该数据模型的任何集成。根据检查的决策树模型的不同版本，你会发现一个关键的启发式方法——用于确定接下来要使用的特征，以及如果存在连续特征时执行拆分的位置。其他机器学习模型在幕后也有类似的"秘方"，例如某些 **K 近邻算法**变体（K-Nearest Neighbor，KNN）通过利用数据集的几何结构超越邻域、**模糊 KNN 模型**使用基于距离的相似性启发式算法。需注意的是，当今更高级的模型可能不会采用如此明显的启发式指标，但它们可能会使用一些基于启发式的训练算法（如大多数人工神经网络）或一些特定的数据转换函数来动态创建元特征（主要是人工神经网络）。

最后，在数据管道的最终阶段进行工作成果总结时，我们可能会使用启发式指标来捕捉所选择模型的性能。因此，当需要向项目利益相关方证明我们的决策时，我们的依据不仅仅是"这个模型是最先进的"，而是需要引用一些性能分数。这些分数往往来自特定的启发式算法，如 F1 指标、曲线下面积、均方误差等。注意，这些都与统计数据无关，即使它们也适用于统计模型的性能评估。

4.4 何时使用特定的方法

如果启发式指标不够用怎么办？我们仍然可以利用启发式相关的方法并从中获得价值。毕竟，在最初将启发式方法用于解决数学问题时，启发式更像是战术层面的方法，而非其他。在如今大多数问题都极具挑战性和复杂性的数据分析领域，有必要提出如下策略。

首先，在探索性数据分析阶段，我们可以使用启发式相关的方法来确定预测某个变量的最佳特征。然而，选择特征子集的整个过程超出了使用相似性度量指标的范围，必须有一种特定的方法来选择这些子集并优化这种选择。否则，整个特征选择过程是破碎的，甚至可能是无效的。例如，我们可以从头开始构建子集，或从整个特征集开始，通过删除信息贫瘠的特征逐渐使其更加"轻盈"。无论如何，都需要一种启发式方法来使这一切成为现实。

其次，在特征工程中，可以依靠抽象的相似性度量指标来评估特征（或者更确切地说是元特征）。也就是说，可以通过使用一组已选择的运算符来组合创建两个或多个功能的自定义结合体。PCA 就是如此，即使用加权和来优化解释方差方面的元特征，但也可以使用其他更复杂的方法来融合特征。例如，自动编码器正是这样做的，在应用加权求和方法之前，对每个特征和元特征使用特定的函数（通常是 sigmoid 函数），并且还尝试最小化重构特征与原始特征之间误差的启发式度量指标。

此外，在数据学习阶段训练模型时，还需要采用一种特定的启发式方法，尤其是在处理机器学习模型时，我们称之为训练算法。它涉及某种最优化和某些被最大化或最小化的启发式度量指标。如果无法最优化，则可能是因为模型选择了简化并涉及用户优化的若干参数。因为它们超出了模型本身，这些参数通常被称为元参数。

还有，在研究管理数据的替代方案时，可以使用基于启发式的方法，如可以使用自定义编码来更好地压缩数据集。而且，这种方法可以将不同的数据结构（如向量、矩阵或字典等）合并到一个数据文件中，可以通过反向启发式过程访问它们。因为已经有一些非常好的方法被经验丰富的程序员在 Julia 语言生态系统中实现了，读者无须从头开始开发这些压缩算法。上面的示例是作者几年前开发的一个用于管理数据集的示例（不仅是其中的数据，还包括从中派生出的所有元数据和注释）。

最后，在与最优化相关的应用中，启发式方法（特别是元启发式方法）将大放异彩。这些特定的方法在处理各类问题中体现了其巨大的价值，甚至超出了分析领域。即使使用不同的名称来称呼，但它们仍然属于启发式方法范畴。事实上，它们更接近数学领域中启发式的原始定义。

4.5　小结

我们看到了在数据科学管道的各个部分如何利用特定启发式的指标和方法，并扩展到与分析相关的其他工作。有时启发式方法是唯一的选择，同时它们也具备高性能和可扩展性，因此了解它们以及它们如何解决问题是很重要的。我们看到了如何在各种场景中使用特定的启发式度量指标，如探索性数据分析（EDA）、特征工程和训练数据模型等。此外，我们探索了如何使用一些特定的启发式方法，它们通常与之前提到的启发式指标结合使用。特征选择、模型训练、数据管理和最优化等特定应用就是这种情况。

在第 5 章将从最基本的启发式方法开始，更深入地探讨与探索性数据分析相关的启发式方法。此外，读者可能需要准备好计算机，因为该章将涉及编程。如果还没有准备好编程环境，请参阅附录 B。

第2部分

面向数据的启发式方法

直觉启发法的本质：当面对一个困难的问题时，我们通常会回答一个简单的问题，而没有注意到其实回答了一个替代问题。

丹尼尔·卡尼曼（Daniel Kahneman）

第 5 章

EDA基本启发式方法

5.1 EDA 的启发式方法概述

探索性数据分析（Exploratory Data Analysis，EDA）已经是一个非常简单的过程，为什么还要费心研究启发式方法呢？启发式方法可以使整个过程更容易，尤其是在涉及复杂数据时。通过计算各种变量之间关系的指标，可以获取数据集的全面摘要，而不需要通过图表来确定数据集中发生了什么，还可以绘制摘要和一些特殊变量。通过这种方式，可以让你的EDA 工作比其他人做得更好，同时也可以让你从其他数据专业人士中脱颖而出。

此外，基本启发式方法都是易于部署和使用的，结合这些启发式方法可以多角度观察数据集，这是统计数据无法提供的。另外，不需要因为使用 EDA 而放弃其他工具，启发式方法可以同时并行工作。例如，在模型构建过程中，我们经常需要选择一个模型进行训练，这是一个耗时的过程。对于 EDA 工具来说这不是问题，因为所有这些工具通常都会运行得很快。

更重要的是，基本的启发式方法通常可以让你对数据集有更深入的了解。这可以帮助你产生有价值的见解，并引导数据模型往更好的方向去构建。有时我们忘记了大部分数据分析工作（以及某种程度上的数据科学）其实通常都是数据管道的一部分。如果这部分可以通过启发式方法加快或改进，那就是一个很好的努力方向。当数据集特别复杂，传统 EDA 方法无法产生任何有用的产出或者产出的专业门槛非常高时，情况尤其如此。

另外，当你第一次开始对数据集进行探索分析时，通常面对的是未知的关系和未知的变量。此时对数据做出任何假设还为时过早，而且计划做出的任何假设都势必会影响在此阶段需要的准备工作。因此，如果想很好地了解数据集中发生的情况，显而易见，基本启发式方法就是最好的策略。当然，还可以使用其他 EDA 工具（如直方图和其他绘图）来补充，这些启发式方法可能就是一个很好的起点。如果你通过其他数据集熟悉了这些方法，并在新数据集上使用了它们，则情况尤其如此。

> EDA 是数据管道中最具创造性的部分之一，其应用没有严格的规则。事实上，使用的工具越多，结果就越好。

5.2　EDA 中的基本启发式方法

下面看一下基本启发式方法是如何在 EDA 上大放异彩的。也就是看看非线性相关度量指标和一些二元相关度量指标，所有这些特征在处理后可以是连续的或二元的。当然，也有序数特征，但由于缺乏专门的度量指标，领域中的大多数人都选择将它们视为前两者之一。注意，这些并不是唯一可用的启发式度量指标，但它们是一个很好的开始。

当我们有两个具有复杂关系的变量需要测量时，非线性相关指标就会很有用。例如，一个连续特征和连续目标变量以非线性方式相关的情况就是此。我们可能仍然需要使用以上事实，因为该特征在非线性模型中可能很有用。但要知道一点，我们需要对其进行测量，并且由于传统的相关性指标仅跟踪线性相关性，因此需要使用其他方法。

当有很多相互关联的二元特征时，使用二元相关的度量指标是很有帮助的。如果是这种情况，可能需要删除其中某些部分，但需要通过测量它们的相关性来知道具体要删除哪些。在二元分类问题上，可以对这些特征与二元目标变量之间的关系进行类似的分析。

5.2.1 基于范围的相关启发式方法

前文提到的非线性相关启发式方法的指标是基于范围的，因此称之为基于范围的相关性（Range Based Correlation，RBC）。这种启发式方法基于作者对该主题的研究成果，用于在许多回归场景中分析特征与目标变量之间的非线性关系。此外，这种启发式方法的逻辑，以及找到所分析变量之间关系的总体方法也有一些特殊之处。这是最近流行的热门想法，至少在其他领域里是这样。但是，如果还没有想到，不必着急，后续将会在第 16 章中继续进行讨论。

RBC 通过分析两个变量数据点间的波动，以及每个数据点波动的最差情况，使用几何结构来确定它们之间的关系是否是非线性的。由于设定了波动的范围，可以采用归一化因子，确保启发式方法采用 0~1（含）之间的值。这里为了避免额外的复杂性，把变量做了归一化处理，每个变量的范围都是 0~1。变量归一化处理也是一个常见的操作。通常情况下，即使我们不对变量进行归一化，该方法也能很好地工作，因为它是独立的。

由于 RBC 指标检查每一对连续的数据点，所以它可能会被已有的随机变化误导。这就是为什么最好使用较小的数据集，如从抽样中导出的数据集。当然，还可以通过示例代码中 rbc() 函数的参数启用采样。如果还没有下载示例代码，可以前往网站 https://technics-pub.com/TheDataPathLessTraveled 进行下载。通过采样还可以使该方法对于真实世界的数据集更具可扩展性和可靠性。

RBC 指标的主要思想在于它的启发性，即如何处理一对连续的数据点，$A(x1, y1)$ 和 $B(x2, y2)$，其中 x 和 y 是两个变量，先研究下这两个变量的关系。首先用一条直线连接两个数据点。然后找到了从点 A 开始的最差情况：可以是标度的顶部，点 C $(x2, 1.0)$，也可以是标度的底部，点 D $(x2, 0.0)$。当然，还可以继续以某种线性方式指向 E $(x2, d)$，其中 d 是 y 的投影值（如果 x 一直线性跟随 y）。使用点 C、D 和 E，可以为坐标的实际变化创建必要的上下文，用 AB 的长度来描述。上下文采用两个数字的形式，最小可能距离 dm 和最大可能距离 dM。将一个点减去另一个点产生这两点之间所有可能距离的范围 rd。使用 dm 和 rd，然后可以将实际距离 AB 归一化以获得 0.5~1.0 之间的数字 nd，包括端值。通过对该指标进行一些基本的线性变换，我们可以将其转换为取值 0.0~1.0 之间的指标。

RBC 指标考虑所有数据点对（各种 nd 值），通过中值函数聚合它们并应用上述转换。高 RBC 值（即接近 1.0）表示强关系，而低 RBC 值（即接近 0.0）表示弱关联或没有关系。因为我们不对 x 和 y 之间这种关系的性质做出任何假设，所以 RBC 捕获了一切，包括线性关系。

5.2.2　二元相关启发式方法

本节中我们认为二元相关启发式方法是准确率的一种变体，也是 Jaccard 相似度的一种变体（不要和应用在集合上的 Jaccard 指数混淆）。

对于评估二元分类器的准确率指标你或许已经非常熟悉。然而，这个指标有其局限性，因为它是为特定功能而设计的，通常对于评估两个二元特征之间的关系没什么用。为此，又提出了评估准确率的对称相似性指数（SSI）。

参考表 5-1：

表 5-1 样例数据表

变量 1	变量 2	真实（1）	错误（0）
真实（1）		a	b
错误（0）		c	d

假设变量 2 是目标变量，可以按如下方式计算准确率：$AR = (a+d)/(a+b+c+d) = (a+d)/N$，其中 N 是数据点的总数。本质上，取主对角线的总和并将其除以总数。

显然，如果两个二元变量对齐，则 AR 指标会取高值。如果它们完全错位会不会更好？想象一下，每个数据点代表两个人对一个 Yes/No 问题的表态或意见，不管是什么事情（如位于西半球或东半球的建筑物、在即将到来的比赛中支持 A 或 B 球队的球迷等）。每个人都是这个例子中的变量之一，各种主题都是数据点。显然，如果两人都同意所有事情，那么让他们两人同时出席一个会议是没有意义的。因为当我们听了第一个人的讲话后，马上能够知道另一个人会说什么。而且，不难看出，如果两个人在所有事情上的意见或多或少存在分歧，情况类似。在这种情况下，我们只需要反转 A 的观点，就可以了解 B 对任何给定问题的看法。因此，即使这两个变量未对齐，甚至 AR 的值为 0.0，它们仍然可以是强相关的。如何用启发式度量指标来表达这一切呢？

我们也可以使用混淆矩阵的另一条对角线的方法。如果 $x0$ 是基于该矩阵的 AR，还可以通过取互补 AR 计算 $x1$，即 $(b+c)/N$。然后可以选择两者中最大的一个并使用它的值 [即 $\max(x0, x1)$]。然而，这个值必然介于 0.5 和 1.0 之间，因此如果我们希望指标介于 0.0 和 1.0 之间，那么就需要使用线性变换。这个新指标，作者称之为对称相似性指数（SSI）。如果变量 x 和 y 在某种程度上相似，即使一个与另一个相反，SSI 也会产生高值。当 x 和 y 时根本不相关时，SSI 产生低值。也就是说，这种算法涵盖了所有为真和为假的可能性。

下面看一下 Jaccard 相似性度量指标，这是一种很有用的启发式方法。它关注二元变量的一个特定值（通常为真值，也称为 1），因此二元变量之间的关系主要基于该值。这对于评估二元分类器的输出非常有用，尽管也可以将它用于特征。使用前文的混淆矩阵，Jaccard

相似度被定义为 $a/(a+b+c)$，并且取值介于 0 和 1 之间。虽然这在上述二元分类场景中很有用，但其他情况下都会有偏差。下面研究下对称 Jaccard 相似性启发式方法。

对称 Jaccard 相似性（或称 SJS）旨在通过利用其对称性来平衡这种有偏差的度量指标。如果两个特征非常相似，即使如之前的例子那样反转它们的极性，它们在这个指标中仍然会得分很高。当然，Jaccard 相似性关注特定值（值 true），因此对称 Jaccard 相似性遵循相同的模式。这不一定是坏事，因为在数据分析的许多应用程序中，一个值比另一个值更重要是很常见的（如在客户购买产品的情况下）。SJS 通过取两个 Jaccard 相似点中的最大值来捕获这一点：原始相似点（J1）和其中一个变量反转的相似点（J2 $=d/(b+c+d)$）。此外，就像最初的 Jaccard 相似性一样，SJS 取值介于 0.0 和 1.0（含）之间，值越高表示两个变量之间的关系越强。

5.2.3　你自己的启发式方法

除了以上这些启发式的指标外，还有几个类似的指标可用。例如，如何扩展应用于名义变量（Nominal Variables）的二元相关指标方法，或者衡量两个序数变量（Ordinal Variables）之间关系的方法，尽管实现这些可能需要不同类型的启发式方法。启发式方法的开发还有很大的空间，EDA 是一个广阔的领域，具有巨大的增值潜力。本章示例代码中的沙箱是个好地方，您可以尝试一下。

5.3　如何在 EDA 中有效利用这些启发式方法

如何才能将这些方法有效地应用到 EDA 工作中？首先需要识别出可以增值的场景。例如，在关系明显的变量中应用它们是没有意义的，因为这些变量和关系已经呈现了清晰的模式。显然，对变量基本检查的目的是核实这些变量的类型。如果类型匹配，如两个变量都是连续的或两个变量都是二元的，就可以在测试过的启发式方法指标中挑选一个最相关的使用。

这些启发式方法都会产生一些有关变量匹配的有用信息。因此，如果有涉及此类信息的适当流程，则可以将它们与这些方法结合使用。一个典型的场景就是特征选择，需要根据特征变量与目标变量的关联程度对变量进行过滤。当数据集中有很多变量时，这个过程通常不能缺少，通过该过程可以节省大量时间。另一个相关过程是特征融合，可以组合不同的特征来开发新的特征（元特征），从而更好地预测目标变量。可以使用上述启发式方法和任何其他必要因素来优化这些元特征。

对启发式方法的最有效使用，是要采用自动化或半自动化流程。毕竟，手动将它们应用于数据集中的每一对变量是令人抓狂的事情，尤其是当涉及很多特征时。因此，创建一个利用这些方法的 Julia 脚本是一个不错的选择。例如，该脚本可以识别所有连续变量，并在这些变量上使用 RBC，同时它可以对找到的所有二元变量执行相同的操作。如何开发这样的脚本取决于需要它执行的功能以及目标变量的类型。

注意，如果已有的启发式方法不能正确解决问题，一定要进行调整。例如，在评估两个二元变量的关系时，如果具体问题中两种状态中的某一个状态更为重要，可以为 SJS 指标分配权重。当然，一定要做好工作记录，并在脚本中添加一些注释，避免将来出现任何问题。

5.4　重要注意事项

在结束本章之前，有一些重要的注意事项需要注意，避免误用。例如，如果启发式方法中的变量类型错误，这是一个大问题。因为一个变量是用数字表示的（作为数字），并不意味着它是数字的（连续的）。一定要更深入地研究和分析其值的结构，也许它是一个假的二元变量，甚至是一个分类变量。因此，在将变量输入启发式指标的函数之前，一定要确保变量是它应有的样子。

更重要的是，这些指标替代不了辛苦的分析工作，尤其是在 EDA 阶段。它们可以增加很多价值，但不能完全依赖它们。在某些情况下，图表可能会产生很多洞察力，或许比任何指标都多。因此，最好将这些指标与其他 EDA 工具结合使用以获得最佳结果。否则，可能会错过一些重要的见解，阻碍项目的推进。

此外，要认识到这些启发式方法，特别是与二元变量相关的启发式方法，并不总是适用于某类问题。例如，如果数据集存在严重偏向变量中某个值的情况，则度量指标可能不会产生有价值的结果。当其中一个变量是目标变量（分类问题）时尤其如此，因为整个数据集就是存在偏差的。有时需要对数据集进行预处理以确保各类数据平衡，做好这些可以为数据管道的后续阶段节省大量工作。

最后，RBC 启发式方法采用一些（确定性的）采样作为选项（即平滑参数 sf>1）。如果发生这种情况，它产生的价值必然会发生变化（不是剧烈变化，但肯定可以被测量到）。即使数据点很多，仍然可以在不必花费太多时间的情况下评估变量。但是，如果比较不同变量对的 RBC 值，则需要记住使用的参数值。否则，该指标可能会导致对所测量的数据集得出错误的结论。

5.5　小结

本章探索了一些基本的启发式方法，以及如何在管道的 EDA 部分利用它们。具体来说，基本启发式方法为 EDA 带来了巨大的附加值，因为它们提供了独特的、更好的视角，同时又不会影响其他工具的使用。我们研究了一些基本的启发式方法，这些方法非常适合 EDA，并且只需很少的准备工作。像 RBC 这样的指标非常适合连续变量，而 SSI 和 SJS 对二元变量非常有用。RBC 可以处理连续变量之间的各种关系，包括非线性变量。SSI 和 SJS 可以用来评估相似性，即使二元变量具有反比关系也可以进行评估。本章进一步探索了在 EDA 中有效利用这些启发式的方法，如在特征选择和特征融合应用中。此外，这些方法最好能够成为自动化或半自动化过程的一部分，尤其是当数据集中涉及许多变量时。最后，介绍了一些重要的注意事项，如确保使用正确的变量类型等。

现在是浏览与本章对应的示例代码，了解有关该主题更多信息的最佳时刻。如果还没有下载，可以前往网址 https://technicspub.com/TheDataPathLessTraveled 查询下载。第 6 章将继续讨论 EDA 高级启发式方法。

| 第 6 章 |

EDA高级启发式方法

6.1 为什么需要 EDA 高级启发式方法

到目前为止，我们已经看到了一些基本启发式方法可以帮助我们探索数据集和评估某些变量对。这是一个良好的开端，但是如何更深入地研究数据并熟悉它们的几何结构呢？遗憾的是，至今我们所看到的启发式方法还不能帮助我们解决这个问题。但一些高级的启发式方法可以让我们对这个问题有更多的了解。此外，这些启发式方法可以补充我们已经研究过的其他启发式方法，因此这些方法并不是"非此即彼"的。再者，我们学习和掌握不同工具是为了相互成就支持而不是相互竞争。

EDA 中的高级启发式方法整体上是个非常广泛的领域。有人可以在这个领域完成一篇完整的研究项目论文——本章介绍的一个启发式方法就是作者在攻读博士学位期间开发的。毕竟，数据科学领域的一切都是相互关联的，尤其是在数据驱动领域。因此，如果要深入研究高级启发式方法，会遇到该领域的各个方面，同时对数据科学的工作原理会有更深入的了解。

因此，高级启发式方法是一种出色的创造力工具。它们可以帮助我们创造性地分析数据，避开许多传统方法，如绘制图表。绘图非常适合获取数据概览和了解数据分布。然而，这是有代价的，即它们无法详细或精确地表达数据集的某些属性。因此，需要其他方法来帮助深入研究数据，并能够执行更复杂的转换，以帮助我们发挥创造力来解决所涉及的问题。毕竟，对数据的研究越深入，我们就越有更多的选择，用有意义的方式转换它们并构建表达其信号的模型。

就像之前研究过的基本启发式方法一样，我们很容易形成使用相似性指标分析特定变量或变量对的习惯。但是这种分析作用有限，变量越多，数据集就越丰富，尤其是在相关性较低的数据集中。然而，随着数据的增加，新变量的这种边际收益往往会减少。这是大数据的挑战之一，也是数据科学面临的问题之一，尤其是在当前的项目中。这就是为什么要能够以各种方式检查数据集，包括将数据集的几何结构作为一个整体，而不仅查看其某个二维信息，这一点至关重要。类似于只看物体的阴影很难理解物体本身一样，只看一对变量很难理解数据集。某些类型的高级启发式方法在解决这些问题上表现卓越。

本章将介绍一些适用于 EDA 工作的高级启发式方法。也就是说，我们会研究可辨识指数和一些密度指标。接下来，我们将探讨如何在探索数据集时有效地利用这些高级启发式方法。最后，我们将继续讨论使用这些高级启发式方法的一些重要考虑事项。

6.2　EDA 中特定的高级启发式方法

本节将从可辨识指数和密度指标开始探索高级启发式方法。请参阅本章附带的代码示例，因为这是一个非常实用的主题。如果尚未下载，可以前往网址 https://technicspub.com/TheDataPathLessTraveled 进行下载。

6.2.1　可辨识指数

可辨识指数是一个可用各种指标表达的概念。这里我们仍将把对它的探索局限于其中一种——EDA 分类项目最强大的启发式方法之一。多年来，它呈现出了多种变化。我们将专注于该独创指标的一个轻量版本，对数据集中的数据点进行了一些过滤，因此速度明显更快。

无论如何，可辨识指数作为一种启发式方法，旨在告诉我们两件事：数据集的任何给定数据点相对于该数据集中类别的可识别性如何，以及整个数据集的可识别性如何。换句话说就是，如果给定数据集中的一个数据点，判断它属于正确的类别还是其他类别的容易程度，这虽然听起来像一个分类器，但它不是。启发式方法不会尝试对任何东西进行分类，它只是查看数据集的几何结构，并计算出每个数据点与其类别的匹配程度。无论我们使用什么分类器，辨识能力越高，之后的分类就越容易。图 6.1 所示为计算给定点 P 的可辨识指数。

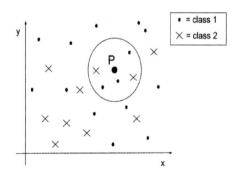

图 6.1　计算给定点 P 的可辨识指数

由于 P 属于第 1 类，并且邻域中该类有其他 3 个点和第 2 类的两个点，因此 P 的 ID 大约等于 $(3+1)/(4+2) = 0.667$。这是一个较好的分数，因为它更接近 1 而不是 0。

可辨识指数通过围绕每个数据点 P 周围使用超球体来工作（见图 6.1）。在每个超球体中，我们选择的数据点周围肯定会有一些数据点，通过做一些基本的数学运算来找出与点 P

属于同一类别的数据点的比例，就可以计算出该数据点的可辨识指数。然后，通过使用中值指标聚合所有数据点的所有可辨别值，计算整个数据集的可辨识指数。当然，这种启发式方法取值介于 0 和 1（含）之间，并且值越高通常越好。根据经验，任何超过 0.5 的值都被认为是好的。

注意，通过针对每个特征而不是整个数据集，并将每个数据点作一维点处理，可辨识指数也可以应用于单个特征。这一点也很有用，让我们了解了各特征独立作为目标变量的预测因子时有多强大。同时，这些特征的分布没有被考虑在内。显然，我们在 RBC 中看到了相同理念（这些内容会在本书后续章节再次看到）。

6.2.2 密度分析

尽管在统计中也使用密度（概率密度），但在数据驱动的分析中它是一种不同但功能更强大的指标。

密度涉及数据空间特定部分的拥挤程度。我们可以围绕随机点或者围绕数据集的某点进行评估。在这两种情况下，过程是相同的，但当你关注手头数据中的现有数据点时，它会格外有用，因为它有助于你了解数据集的整体密度。毕竟有什么比计算给定空间内的数据点数量并除以该空间的体积来得更简单呢？

采用密度的关键是，每个人似乎都在回避一个问题，它不同于可辨识指数，可辨识指数适用于给定区域内的特定数据点，密度适用于数据点和空间体积（在很多情况下是超空间体积）。即使在给定数据点周围绘制一些超球体并找到位于其中的点相对容易，但这样做对于密度来说仍存在一个很大的问题。这是因为当维度增加时，超球体的体积有着非常不规则的行为。因此，使用其他一些形状更有意义，如超立方体或超矩形，这样计算其体积（以及由此产生的密度）就不会造成太多混乱。

因此，暂且不考虑超空间的复杂性，简化看看一维情况下的密度。在这种情况下，我们只需查看手头的变量线并围绕每个数据点创建一个线段。该段的长度通常由其他启发式方法给出，如两个数据点之间的平均距离乘以常数，或者使用弗里德曼-迪亚科尼斯（Freedman-Diaconis）规则给出的最佳 bin 方块长度（通常用于查找直方图中的最佳 bin 方块的数量）。后者是一种更经典的解决方案，不需要对所提供的长度进行假设。也就是说，没有类似之前策略那样的乘以常数。

设置线段的长度后，可以将该长度的一半用于数据点的一侧（如值较低的点所在的左侧），将该长度的另一半用于另一侧。找到位于该区域的点并计算它们，再将计算结果除以线段的长度，将得到该数据点的密度。然后可以对剩余的数据点重复相同的过程。在异常值占主导地位的情况下，这些密度值必然会分布很广，为了了解整个数据集的密度，可以采用一些平均算法，如中位数。

现在我们对在单一维度的简单场景中密度如何工作有了了解后，接下来看它在更复杂的维度中是如何工作的。我们将在这种情况下应用相同的过程，但使用多个线段，每个维度一个。将这些组合成一个超立方体形状（多维立方体），其中包含许多数据点，并且在其中心具有给定的数据点。为了计算这种情况下的密度，我们采用了相同的过程（计算数据点和除法）。不过，不是除以长度，而是除以该超立方体的体积（其长度扩展为数据集维数的幂）。然后，为了找到数据集的整体密度，我们取单个数据点的所有密度并计算平均值（中值）。

6.2.3　其他高级启发式

除了上述这两种启发式方法之外，还有其他基于相同概念的类似方法，如作者最近想出的一个新方法涉及给定数据点的特别程度。也就是说，该数据点不一定是原始数据集的一部分。它被称为特性指数，基于与 EDA 类似的几何结构，可以提供有关数据集和特定数据点本身的各种见解。该方法将在第 16 章尝试从头开始构建，并仔细研究这个启发式特性指数。

所有这些信息都说明，整个 EDA 工作的领域对于新的启发式方法具有很大的潜力空间。

另外，这个世界永远是变化的，新的、更好的方法可能在不花费大量时间和精力的情况下也会出现。例如，这个启发式特性指数从创建一个 Julia 脚本开始到单元测试，用于特定用例，大约只花了一天时间。启发式方法背后的想法往往是最难的部分，因为没有那么多原创的想法。然而，只要有足够的好奇心和对数据科学领域的理解，就有可能开发出同样优秀的高级启发式算法，甚至更好的启发式算法，来帮助 EDA 工作。

6.3 如何在 EDA 中有效地利用启发式方法

试想我们如何能将所有这些付诸实践，并在数据科学项目中充分利用这些高级启发式方法？可以将所有非连续变量转换为二元变量，并将所有连续变量归一化。不管怎样，这些手段对于大部分数据科学项目都特别有用，哪怕之后打算使用一些基于 AI 的模型也是如此。此外，如果想在 EDA 过程中对数据集执行聚类，这也是必不可少的过程。

按此方法，可以通过对各个数据点应用平均度量指数（如中值）来评估各个数据点的密度，然后评估数据集本身。如果数据集是低维度的，则可以基于该数据创建图表展示，如热图。如果存在目标变量，则可以画出与其相关的密度。在某些情况下，如果数据点的密度与目标变量之间存在相关性，则可以将密度变量用作特征——可以通过各种方式（包括 RBC 启发式方法）对其进行评估。但需要注意的是，如果打算以这种方式使用密度，可能还需要对其进行标准化，使它与其他特征具有相同的比例尺度。

此外，如果在数据集中发现高密度组，则可以执行聚类。考虑到这通常就是聚类的定义，有意思的是大多数聚类方法都没有考虑密度。通过使用密度探索数据，有助于你了解需要寻找的群体数量。或者如果它就是更高级的聚类算法时，就可以让它来做出决定。注意，你可能需要在聚类之前做一些降维操作。降维后，检查密度是否变化以及如何变化就会很有意思。

如果数据集包含目标变量，也可以使用可辨识指数。虽然这是考虑目标变量为离散值的情况而设计的，但如果首先离散化，也可以将其用于连续目标变量。可以使用分箱（创建直方图的第一步）或通过手动将其值归类到与该变量业务有意义的分组中，如定义销售额"高"的月销售额值为超过 100000 美元。如果数据集不包含目标变量，可以使用聚类过程中的聚类标签（这种方法也可以看作是一种启发式方法）。这将产生相对较高的可辨识值，可能洞察力效果也不错。例如，如果这些分值都接近 1，则可以解释为非常清晰的聚类结果。接下来，可以将这些值与聚类的平均轮廓系数（Silhouette Score）进行比较，并得出进一步的见解。

然后，可以使用可辨识指数来了解数据集的类别，以及分类工作的挑战性。或许这可以让我们决定使用哪种方法更好，或者是否值得从一开始就使用某个分类器。还有，管道中的数据集此时可能尚未完善，因此其可辨识性的分值会相对较低。所以，在执行一些数据清理和转换后，重复此过程是有意义的。这也可以帮助评估数据工程阶段所涉及流程的有效性。

同样，可以使用启发式方法来评估所涉及的各项功能，并使用由此获得的见解来指导数据工程工作。比如，当关注特定的数据点时，在这种情况下，可以使用这些点的可辨识值来检查它们中某部分是否有问题（它们可能就是想要删除或以某种方式特别处理的异常点），甚至可以绘制这些区域并仔细观察它们。无论如何，以这种启发式方法可以更好地理解数据集的挑战，并更有效地处理数据集。

除了上述这些想法之外，还可以有一些自己的想法。这些启发式方法用途广泛，因此可以通过不同的方式进行试验。只要能为工作提供价值，就值得花一些时间在上面。至少，它们有助于更好地理解数据集的几何结构，以及其更具挑战性的热点。

6.4　重要注意事项

上述一切看起来非常不错，让人感觉有点难以置信。毕竟，类似数据科学中的各种工具一样，启发式方法的使用还是有一些注意事项。例如，在可辨识式启发式度量指标中，可以使用不同的距离指标来适应涉及大量变量的更复杂数据集。使用不同的距离指标可以明显改变启发式方法的输出，因此在将其用于诸多不同的场景（后续会进行比较）之前，确定这一点很重要。此外，距离指标的问题是所有涉及几何结构启发式算法（包括特性指数）中的一个重要因素。调整距离指标还可以帮助处理问题的维度，因为在数据维度很高时，传统的欧几里得距离指标往往无法正常工作。

此外，类似于基本启发式方法，这些方法都非常实用，通过实践能够更好地理解它们。最好能掌握它们背后的原理，能通过图表查看其功能的具体示例。但是，只有在真正开始投入使用才能正确理解这些方法，尤其是把这些方法应用于有具体意义的数据集时。这就是为什么要关注本章随附的代码示例，并尽量动手尝试这些启发式沙盒代码的原因。

另外，特别重要的是，类似其他启发式方法，这些启发式方法也可以应用在执行更复杂任务的脚本中。例如，可辨识指数已成功应用于各种领域降维的应用程序以及一些分类器。有些人在称为 DBSCAN 的聚类算法中使用密度启发式方法的变体，尽管它的实现不像本书介绍的那么容易理解。因此，当研究这些启发式方法时，最好能超越当前的基本实现，这些工具的真正价值在于如何将它们作为更大系统或流程的一部分来使用。

再者，基于几何结构启发式方法，在更高维度上也并不总是那么有效。原因是当维度数非常高时，现实世界中常用的距离指标并不一定适用。不过不用担心，在应用这些启发式方法之前，可以先做一些降维处理，或者可以将它们仅应用于单个变量。由于 EDA 整个过程相对具有创造性，因此尽量创造性地应用这些启发式方法。甚至可以基于它们开发新的过程，能够在高维空间里进行很好的扩展。

最后，记住这些启发式方法的应用范围很重要。例如，在本章中看到的两种启发式方法都适用于连续变量，尽管可辨识指数也适用于二元变量，但尝试将这些启发式方法用于序数变量可能会产生误导性的结果。在编码为数字的分类变量上使用它们时也会如此。所以，对于任何类似的启发式方法，只要基于几何结构的某种方式，需要首先对变量进行标准化处理，使其具有相同的规模指标，把变量归一化到区间 [0，1] 就是个好方法。

6.5　小结

本章研究了适用于 EDA 的高级启发式方法，重点是可辨识指数和密度指数。

在深入研究数据和更好地理解数据集底层的几何结构中，它们有着非常宝贵的价值。可辨识指数涉及评估数据集类别的可辨识程度（当目标变量是离散时），它既适用于数据集中的单个数据点，也适用于整个数据集。可辨识指数也可以应用于个体特征，以评估其预测潜力。这种启发式方法可以使用欧几里得距离或任何其他距离指标。

密度指数用于衡量数据集不同部分的密度以及数据集的总体密度。密度可以通过多种方式计算，尽管就可扩展性而言，最好的方法是使用（超）立方体，因为体积的计算更容易，这是整个密度计算的重要组成部分。还有，通过对单个数据点的所有密度进行平均，可以获得数据集的总体密度。

可以将这两种启发式方法用于 EDA 研究工作，尤其是在处理复杂数据集时。当存在离散的目标变量时，可辨识指数可以帮助评估问题的难度，甚至找出最强的特征项。密度指数可以帮助解决各种问题，尤其是在数据集中查找异常值、内点，以及在预测更具挑战性的任何类型问题域上。

在使用这些方法时，务必注意启发式方法的适用范围，以免将它们应用于不适合作为输入的数据上。此外，需要意识到更高维度可能会导致使用距离的启发式方法出现问题。有时候，调整距离指标可以帮助缓解这个问题。

查看与本章对应示例代码可以更深入地了解这些高级启发式方法。第 7 章将研究一些与模型相关的启发式方法。

7

第 7 章

模型相关的启发式方法

7.1 模型相关的启发式方法概述

模型相关的启发式方法包含模型的元数据，用于评估该模型的有效性和有关模型性能的其他方面。因此，它们可以逐项阐明模型的好坏，甚至是预测模型的可靠性。这对于机器学习模型尤为重要，因为其中许多模型是相对不透明的。例如，统计模型通常会为每次预测生成一个概率分数，但机器学习模型很少这样做（人工神经网络除外）。

此外，无论是机器学习模型还是统计模型，错误率等传统指标通常无法捕捉模型的有效性。传统指标提供大致范围，但往往不足以充分理解进而改进模型。某些启发式方法在模型的评估方面很有用，这通常是数据科学管道的关键阶段。毕竟，如果缺少对模型的适当评估，就很难信任和有效地使用它，尤其是在部署和处理未知数据的时候。模型部署后，一旦发生数据漂移等问题，这个情况就会变得更糟。

本章将研究一些用于评估和增强模型输出的关键启发式方法，将查看 F 分数（特别是

F_1 启发式指标）、RBC 启发式、曲线下面积启发式指标和置信度指数。还将研究如何在模型中有效利用这些启发式方法，以及置信度指数如何使某些模型更透明。最后，还将讨论关于这些启发式方法的一些重要注意事项，以便在充分使用它们时，避免因其自身局限性而出现问题。

本章附示例代码，希望大家通过这些代码更好地理解启发式方法和它们的发展变体。有关某些术语的说明，请查看本书末尾的术语表。

7.2　特定模型相关启发式方法

7.2.1　F 分数启发式

F 分数（又名 F_β 分数）本质上是一系列基于启发式的指标，用于评估分类模型的性能。最简单的是 F_1 分数，它在数据科学中很常见，其定义为：

$$F_1 = \frac{2 \times P \times R}{P + R}$$

式中，P 和 R 是该分类器的精确率和召回率。注意，F_1 是精确率和召回率的调和平均值——该值介于 P 和 R 之间，且更接近两者中较小的值。因此，在某种程度上，F_1 分数结合了这两个指标，使最优化这种启发式成为一项值得努力的工作。当然，我们希望这个值尽可能大，因为它代表了分类模型中的性能。

在一般的情况下，可以通过添加数量 β 将这两个指标中每一个对分数的贡献程度参数化，β 通常采用各种正值，而不总是整数。然后，该指标称为 F_β 分数，定义为：

$$F_\beta = \frac{(1 + \beta^2) \times P \times R}{\beta^2 \times P + R}$$

其中，β 取 1，F_β 的值变成之前的 F_1。此外，如果 β 小于 1（如 0.5），则该指标采用更接近精度指标的值。因此，如果 β 大于 1（如 2），F_β 就会变得更接近召回值。当然，对于任何 β 值，F_β 分数始终在 0 和 1（含）之间，大多数值超过 0.5。就像 F_1 分数一样，值越大越好。

当关心减少假阳性而不是假阴性时，F_β 分数非常有用，反之亦然。因为它考虑了分类器评估中的这种不平衡，当数据集在类别方面不平衡的情况下，就很有帮助。注意，在涉及分类器的预测和目标变量时，如果稍微调整一下上述公式，就能将这个指标用于混淆矩阵表示真阳性和真阴性的功能。这样，就可以更深入地了解启发式方法，并通过更好的理解使其更适用于解决问题。

注意，要为每个类定义 F_β 分数启发式，这样它也可以处理多类问题。如果遇到这种情况，我们可能需要为每个类计算 F_β 分数，并取它们的平均值。

7.2.2 曲线下面积启发式

曲线下面积（Area Under Curve，AUC）启发式是评估分类模型性能的另一个指标，尤其是那些涉及两个类别的模型。这是接受者操作特性（Receiver Operating Characteristics，ROC）分析的一部分，涉及描述假阳性率（样本中假阳性的比例）和真阳性率（样本中真阳性的比例，也称召回率）之间关系的性能曲线。如果不熟悉这种评估过程，参考图 7.1 会有所帮助。

实际上，ROC 分析图表中的曲线更像是锯齿形，但使用的阈值越多，曲线看起来就越平滑。ROC 分析中的阈值涉及输出值中的不同点，超过这些点，分类器将结果标记为 1 类而不是 0 类。ROC 适用于二元分类问题，因此仅存在两个类。

至于 AUC 启发式，这是曲线下的区域。由于图表中数据的性质，该区域始终介于 0 和 1 之间。通常，我们看到的值高于 0.5（对应于随机分类器）。当然，AUC 的值越高，分类

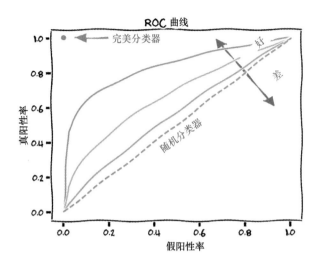

图 7.1 各种分类器的 ROC 分析和 ROC 曲线

器的性能就越好。

ROC 分析和 AUC 启发式有助于更直观地了解假阳性和真阳性之间相互制约的情况。此外，它们还可以帮助我们了解哪个分类模型，或该模型的哪个版本性能更好，而不会拘泥于各种阈值可能性的细节之中。显然，这样的图形在项目的最终报告中非常有用。

如果深入研究 ROC 曲线，它还能帮助我们选择更适合该问题的阈值。在做选择时，还应考虑涉及错误分类成本的其他评估指标，在 7.2.5 小节中将对其中一个指标有所论述。Julia 编程语言中有多个包，旨在帮助进行 ROC 分析和 AUC 启发式。尽管它们都起了很大作用，但最好关注 ROC.jl，因为它更容易使用，并且与其他包更一致。

7.2.3 基于范围的相关启发式

虽然，基于范围的相关性（RBC）启发式及其在 EDA 工作中的作用显而易见，但作为一种性能评估工具，特别是对于回归模型而言，它仍值得再次被提及。尽管还有其他更广为人知的回归预测指标（如均方误差指标），但它们往往更线性。此外，RBC 可以捕获回归器输出与目标变量之间的非线性关系。

因此，即使这个指标对手头模型的优化没有太大帮助，它也可以让我们很好地了解距离找到一个有价值的回归模型还有多远。毕竟，回归变量的预测与目标变量之间的非线性关系总比没有关系好。因此，如果将 RBC 与其他评估指标结合使用，将逐渐完善回归模型，并能使其提供更有价值的输出。

7.2.4 置信指数启发式

因为置信指数启发式本质上不适用于模型的输出，而适用于输出之前的值，因此它与所讨论的其他启发式有所不同。这种想法是在 0.5 到 1（含）的范围内衡量模型对其每个预测的确定性。毕竟，这可能体现透明程度，这种透明度对最终用户来说意义非凡，因为可以让他们了解预测的有效性有多大。然而，尽管能像概率模型那样，使用概率作为置信度度量，但是置信度指数不是概率。

在计算最终输出之前，置信度指数将模型使用的数据作为输入，以便进行正确预测。因此，在采用最近邻分类器的简单情况下，该数据本质上是特定测试点的邻居。例如，已知获胜班级 $n1$ 分和所有其他班级 $n2$ 分（$n1 > n2$ 且 $n1 + n2 = k$），这种情况下的置信度指数为 $CI = n1 / (n1 + n2) = n1 / k$。这会让我们产生一个下意识的想法，因为如果该测试点附近的所有点都属于特定类别（即 $n1 = k$），则该预测的置信度将如我们所愿为 1.0。鉴于这种情况的性质，置信度指数将始终大于或等于 0.5（如果 $n1 < k/2$，则不会是获胜类）。

在回归中，置信度指数的作用类似，但需要分析目标变量，以便于了解可以取什么样的值。如果对其做标准化处理，整个过程就会变得更容易。

注意，置信度指数主观性很强，不能用作可靠性指标。然而，在分类中，如果将这些值与评估的输出向量（即包含预测正确与错误的二元向量）结合起来，往往能得到一个有趣的指标。这个新指标结合了输出的置信度和实际正确性，因此可以用作可靠性指标。

7.2.5　其他模型启发式

除上述类型之外，还有其他与模型相关的启发式，如错误分类成本启发式。这种启发式方法适用于各种分类器，它包含一个针对全部所涉错误分类的成本值，这个值有时以特定货币表示。在二元分类设置中，错误分类要么是假阳性，要么是假阴性。

假设有一个流失预测系统，可以预测某公司的客户是否会离开并将其业务转给其他公司。我们可能会决定向此类客户提供特别的优惠，以使他们有更多理由留在公司。在该项目涉及的分类器中，假阳性是被判定为会离开但实际并未打算离开的人（至少根据手头的数据判断），假阴性是被判定为对公司服务满意但实际却打算离开的人。任何判断失误都不应该，但某些错误分类情况更糟，如假阴性。因此，如果一个假阳性只能造成 100 美元的收入损失（因为提供特价商品），而一个假阴性则会造成 1000 美元的损失（因为将损失该客户未来的业务），那么总体而言模型成本为 OC = 100×FP + 1000×FN（美元）。在这种情况下，为了进一步降低总体成本，往往更希望减少分类器的假阴性（提高其精度）。

如微调模型让该成本 OC 最小化，而不是最大化其 F_1 分数。这样，即使分类器的整体准确度不是最佳的，但最终损失的钱也会最少。因此，可以通过调整分类器的决策阈值，或者选择完全不同的分类模型来优化这一点。这可能会让一些数据专业人员不太舒服，但要理解在现实世界中，实际结果比数学之美和精确程度更为重要。

7.3　如何有效利用这些启发式方法

在模型的输出产生后，可以选用其中一种启发式方法，基于正在解决的问题来评估其性能。如果存在分类问题，则关注 F_β 分数和 AUC 分数；如果存在类别不平衡，则关注前者即可。

如果模型不是很透明，且有必要让其功能更透明，那么可以将置信度指数添加到其输出中。这种方法可以对回归问题进行正确的调整，而且在处理分类场景时也特别适用。在任何情况下，模型的置信度过高或过低，都是一种危险信号，尽管当模型的整体性能较高时，较高的置信度可能不会那么糟糕。正如在会议上一个发言的人勇气可嘉大胆断言，假设他讲得在理，那么这种情况也还可以。

对于回归问题而言，正好可以使用 RBC 启发式方法来评估模型输出。由于它更倾向于更高的值，因此最好在查看值时考虑这一点。此外，最好将其用作回归器的性能指标之一，以便于后续改进相关模型。理想情况下，希望它与目标变量之间存在线性关系，但如果非线性关系存在的话，往往会有助于更好地利用该信号进行处理。

还可以研究其他与模型相关的启发式方法，如自定义成本函数，它用于分类模型的假阳性和假阴性。虽然这可能看起来与 F_β 分数启发式相同，但它可以对症下药，因此更容易解释和调整。此外，在某些情况下，它的价值可以用货币价值表示（即所有错误分类的总成本），这使其成为一种有用的 KPI 工具，对项目利益相关者更有意义。

与模型相关的启发式方法虽然还很少，但发展潜力很大。因此，如果有兴趣开发新的启发式方法，创新促进工作发展，那么值得好好探索。毕竟，评估模型的性能类似于弄清楚两个变量的相关性，这也是一个更普遍的问题，同样适用于基于启发式的解决方案。

7.4 重要注意事项

正如其他启发式方法一样，与模型相关的启发式方法也有其特殊性，我们需要了解这些特性才能充分利用它们，以避免陷入与其功能相关的任何陷阱。例如，这些启发式方法中的大多数可以概述模型的有效性，但无法精确说明其推广过程中存在的特定问题。它们可能提供有价值的洞察信息，让我们了解它是如何与某些预测模型一起工作的，特别是针对分类问题，但不适用于与单个数据点相关的预测。

置信度指数启发式在很大程度上解决了上面这个问题。不过，由于它完全依赖于模型的输入，因此还是不如其他模型强大。也就是说，它不考虑真实数据。尽管如此，它还是会提供一些关于模型如何"感知"各种预测的见解，尤其是当有关模型内部运作信息与其他信息相结合时。例如，假设已知模型使用了某些距离度量，那么与**最近邻模型族**的情况一样，置信度指数可以帮助解决数据集某些区域因数据相对稀疏导致性能不佳的问题。

有时开发自己的启发式方法来评估模型，也是很有意义的。根据问题的具体特征定制启发式方法，这样的方法能够捕获更多对模型性能有益的内容，有助于以更精细的方式针对当前问题定制模型。另外，对于分类场景而言，构建这样的启发式方法并不难。

此外，正如其他各种数据驱动算法，与模型相关的启发式方法取决于它们所处理的数据。假设模型基于有偏差的样本产生特定效果，在这种情况下，可能无法推广到不存在偏差的其他数据中。因此，启发式方法有一定的局限性，并不能解决类似因采样不当而引发的数据问题。与数据管道的其他方面一样，它们在这里所起的只是支持作用。

最后，为了充分利用这些启发式方法，最好将它们与 K 折（K-fold）交叉验证过程相结合，用于对模型进行迭代训练和测试。这样偏差的影响得到了缓解，模型能得到更全面的评估。从这个意义上讲，K 折交叉验证过程是一种非常强大的元启发式算法，即使时间有限，仍然可以使用一些随机重叠样本进行管理（尽管这种方法的可靠性有待商榷）。遇到这种情况，各种启发式值之间的巨大差异就是有价值的信号。

7.5　小结

本章首先探讨各种与模型相关的启发式方法，以及如何通过它们衡量模型的有效性，甚至优化它们以更好地理解其输出。接着讨论了与分类问题相关的 F_β 分数启发式方法，即精确率（Precision）和召回率（Recall）指标的平均值。还研究了曲线下面积（AUC）启发式，作为二元分类器 ROC 分析的一部分，这种启发式非常易于计算，解释起来也很容易。同时，它包含很多关于分类器的有用信息，并促使我们在需要时调整其决策参数以优化召回率。此外，还讨论了置信度指数启发式算法，它是一种有用的工具，可以在模型不够透明时提高其透明度。与其他模型相关的启发式方法不同，置信度指数不依赖于模型的最终输出。接着还介绍了另一种与模型相关的启发式方法，该方法在分类场景中使用广泛，称为错误分类成本。这种方法涉及使用附加到每种错误分类的特定值，即假阳性和假阴性。除此之外，还可以通过探索甚至创建其他与模型相关的启发式方法来改进预测模型。最后谈到如何利用这些启发式方法以及使用它们时需要注意的事项。

在接下来的章节中，针对数据管道中的各方面以及数据科学之外的问题，还将继续讨论其他一些启发式方法。

8

其他启发式方法

8.1　其他启发式方法概述

除了前面讨论过的种类之外，还有其他一些更通用的启发式方法。毕竟，我们的工作并不总是和某种特定模型或数据集绑定起来的。有时，只需研究分析某些特定的数据片段，再决定如何使用它们即可。启发式还可以增加很多价值，因为它们足够通用，可以处理单个变量或彼此独立的变量组合。这些变量可能是数据集的有用补充，但首先需要更好地理解它们，并执行一些数据工程任务。这将是本章所讨论的内容。

首先一起来看看熵（Entropy）和反熵（Ectropy），反熵是一种更容易使用但鲜为人知的广义启发式方法。然后介绍一些与距离相关的启发式方法，注意不要与基于距离的启发式方法混淆。接着，研究距离和相似性指标之间的相关性，以及如何在转导模型（Transductive Model）和置信度指数启发式方法中利用它们。最后，讨论一些有关这些启发式方法的重要注意事项，以优化它们在工作中的使用。

本章随附示例代码，以便于加强对这些概念的理解，并有助于将它们转化为自己的内容。或许还可以在整个过程中开发出自己的版本，毕竟这些只是完成数据工作具有创造力的部分工具，而非全部。

8.2 熵和反熵启发式方法

8.2.1 熵

让我们从熵开始探索这些启发式方法，读者可能听说过熵，甚至在有些地方用到过。熵是一种概率启发式方法，是信息论中最重要的度量指标之一，在电信领域应用很多。同时，它还广泛应用于计算机科学，并带来了一系列有用的工具，如压缩算法。

熵的目标是通过计算其分布的可能性来衡量数据中有多少信息。其思想是，越是可预测的事物，其传达的（有用的）信息就越少。例如，如果住在北半球的北部城市，有人告诉你冬天的某一天会多云，那并不能传达太多信息，因为这个地方的冬天大部分时间都是多云的。然而，如果那个人告诉你今天是个阳光明媚的日子，那么这个陈述的信息量就大了。熵通过使用一个简洁的公式，运用概率来体现与预期的这种偏差：

$$E = -\Sigma(p_i * \log(p_i))$$

式中，p_i 是事件 i 发生的概率，$\log$ 是对数运算符（通常以 2 为底），E 是所有这些概率的熵。由于熵是一个趋向整体的指标，通常将右侧各种基于概率的量求和，因此使用求和运算符 Σ。注意，由于概率的对数要么为负要么为零，因此在公式中使用负号（−），以确保最终得到正结果。

熵的取值介于 0 和无穷大之间，较高的值与更多的无序（即不可预测性）相关。这就是为什么将熵视为对无序程度的度量。

由于我们将熵与信息潜力联系起来，因此在数据相关领域它代表了信息的情况。并非巧合，有一种基于熵的称为互信息（Mutual Information）的启发式方法，指的就是两个信号（变量）的组合。

8.2.2 反熵

反熵是一种与熵相似但互补的启发式方法。一些研究人员将其定义为熵的相反数（也称为负熵[一]）。尽管反熵捕获与熵相同的信号，但它使用的是密度而不是概率。此外，其最新的形式为相对反熵（Relative Ectropy），这种启发式方法以区间 $[0, 1]$ 为界，这让它成为更易于解读的指标。具体来说，对于任何名义变量 x，（绝对）反熵定义如下：

$$Ect = \frac{1}{k} \sum \left(\frac{k \cdot v}{n} - 1 \right)^2$$

式中，k 是 x 中唯一值的数量，v 是这些唯一值的频率向量，n 是 x 中点的总数。

相对反熵采用同样的公式，但除以以下数值，含义为一个分类变量最可能的反熵：

$$k \cdot (k-1) \cdot \left(1 - \frac{k}{n} \right)^2$$

这样，相对反熵总是在 0 和 1 之间，包括 0 和 1 在内。更重要的是，就像熵一样，反熵有衍生指标，如处理一对变量，计算第二个变量提供给第一个变量的附加信息，就可以记录为一个衍生指标。注意，对于连续变量，反熵仍然适用。但要使其起作用，首先需要将变量离散化。幸运的是，有一些启发式方法可以做到这一点，但它们非常复杂，超出了本书的范围，这里不展开叙述。不过，使用分箱方法将直方图作为起点是可行的。

　　[一]　此处英文为 neg-entropy。

8.2.3 在与数据相关的问题中是否使用熵或反熵

熵和反熵都很有用，虽然彼此高度相关，但它们在某种程度上也是互补的。因此，自然会出现这样的问题：在解决与数据相关的问题上哪一种更合适？要回答这个问题，需要考虑可扩展性和变量的性质。如果它们是复杂的变量或者涉及很多数据点，那么使用反熵会更好。另外，如果计划在工作中使用信息论中的启发式方法，熵会更好。

无论如何，最好记住它们都各有局限，所以，有时候这个问题没有标准答案。尽管它在物理学中是一个强大的度量指标，为热力学发展做出巨大贡献，某些书籍喜欢将熵理想化，但它毕竟只是个启发式方法。

8.3 与距离相关的启发式方法

下面开始探讨与距离相关的启发式方法，即距离和相似性度量指标。这是一个非常重要的启发式家族，作为一个相对抽象的主题，它也很复杂。然而，若对它们有一个扎实的理解可以帮助你理解大多数转导模型和方法，并辨别其适用场景。为了讲解需要，将这些启发式方法分为两大类：距离启发式方法和相似性启发式方法。但是，需记住它们属于同一个家族，在大多数情况下后者源自前者。

8.3.1 距离启发式方法

距离启发式方法在分析中非常有用，特别是在基于几何的方法中。由于当今计算机的计算能力已经足够强大，要计算数百万个数据点的距离，即使使用最复杂的度量指标，也算不上挑战，且不是耗时的任务。当然，欧几里得距离是我们喜欢用的距离度量指标，但还有许多其他距离度量指标常常让欧几里得距离相形见绌。毕竟，欧几里得距离度量指标是为二维和三维几何问题开发的，并不擅长经常遇到的高维数据集。

尽管作者试图在不过多依赖外部库的情况下尽可能保持代码自给自足，但在距离启发式的情况下，使用 Distances 包更有意义。这个库既成熟又全面，而且相当容易使用。如果希望开发自己的距离启发式方法，可以将其定义为自定义函数并像该库中的任何其他距离函数一样使用它。例如，假设要在度量指标中使用欧几里得距离的逆运算符，则使用以下公式计算距离：

$$d = \left(\sum \left(\sqrt{(\,|x-y|\,)} \right) \right)^2$$

可以使用以下函数定义它（独立于 Distances 包）：

```
mydist(x::Vector{Real}, y::Vector{Real}) = (sum(sqrt.(abs.(x - y))))^2
```

或者，也可以把它看作 Distances 包中的闵可夫斯基距离（Minkowski Distance）m 值为 0.5 时的特例：

```
mydist(x::Vector{Real}, y::Vector{Real}) = minkowski(x, y, 0.5)
```

距离启发式方法的关键思想是帮助我们处理特殊情况来评估两点（或整个矩阵）的差异程度。在高维空间中，如果欧几里得距离或曼哈顿距离⊖等传统指标效果不佳，则我们需要发挥创意。幸运的是，有很多距离启发式方法，其中大部分 Distances 包都支持。如果打算使用这个包，建议查看它的文档，了解获取更多信息（https://github.com/JuliaStats/Distances.jl）。

8.3.2　相似性启发式方法

相似性启发式方法通常与距离启发式方法相反。许多人将距离视为相似性或相似性的代

　⊖　Manhattan Distance，也称为城市街区距离 Cityblock Distance。

表。毕竟，如果两个数据点彼此接近，通常它们在实际用途中也是相似的。但是，情况可能并非总是如此，尽管有时距离度量是基于相似性定义的。这只能证明两种指标是密切相关的。

利用以下启发式的简单公式，可以将距离度量指标转换为相似度度量指标：

$$\text{sim}(x, y) = 2 \,/\, (1 + \text{dist}(x, y) \,/\, \text{dmax}) - 1$$

式中，dist 是任意距离启发式度量指标，dmax 是空间 x 和 y 驻留中任意点之间的最大可能距离。这样，x 和 y 之间的距离被转换为始终介于 0 和 1 之间的相似性度量指标。当然，计算出最大距离 dmax 并不总是那么容易，除非数据开始就做了标准化。如果不介意涉及引入数学讨论，可以使用蒙特卡洛模拟或类似方法找到 dmax 的近似值。

不依赖于两点之间距离的相似性启发式方法通常依赖于其他一些量，例如，与这些点对应向量的角度（如余弦相似性启发式方法）。仅针对相似性启发式方法而开发一个全新的库，这在很大程度上是多余的，因此所有和距离相关、受到欢迎的库都已定义。如果在 Distances 包中搜索，可以找到与余弦相似性度量指标（即余弦距离）对应的距离度量指标。

当然，如果可用的相似性启发式方法对解决数据问题帮助不大，则可以开发自己的相似性启发式方法。例如，假设余弦相似性不够好，因为它只考虑手头上点的向量之间的角度。如果同时可以考虑这些向量长度的差异，那情况会怎样？这可能就是值得尝试的方向和激发创造力的方法。

8.3.3　与置信度指数的关系

所有这些关于距离和相似性的东西都很棒，但如何应用到数据科学的其他领域，比如数据模型？这是置信度指数能派上用场的地方，至少对于依赖距离/相似性进行预测的转导模型来说是如此。由于这两种启发式方法的价值相似，我们将它们都称为相似性。具体来说，使用距离来计算置信度指数，可以更准确地估计每个预测的有效性。例如，在使用 KNN 的分类场景中，按如下方式计算置信度指数：

$$CI = swc / (swc + soc)$$

式中，swc 是获胜类的相似性，即该类所有邻居的平均相似性；soc 是被检查邻域中其他类的相似性。显然，我们也可以使用这个指标作为分类过程本身的决策规则。KNN 的一个增强版本就是这样做的，通常比原始 KNN 分类器更成功。

8.4　重要注意事项

像本书探讨的其他启发式方法一样，本章介绍的这些启发式方法有其各自的特性。例如，虽然有一个可以处理连续变量的熵版本，但其可扩展性有限。在任何情况下，如果计划使用连续变量并需要评估它们的熵时，通常会应用离散化方法，应用反熵启发式方法即是如此。但是，某些方法可能不适合此类任务，如分箱方法设法将变量转换为分类变量。这是以一种扩散信号的方式，因此相应的熵或反熵评估必然是不准确的。通常，每当将连续变量转换为离散变量时，作为一种单向有损压缩，总会有信息丢失。

距离启发式方法受到现有数据维度的限制。例如，随着维度数量的增加，它会对所有度量指标产生负面影响。这意味着它们的价值随着维度的增加而减少，使许多点从距离角度看非常相似。此外，计算这些度量指标也可能会出现问题，因为对于处理现有变量的内存寄存器，许多维度可能会导致溢出问题。因此，通常情况下，我们可能需要先执行降维，然后再充分利用这些启发式方法。不过，也可能存在可以处理各种维度的自适应启发式方法，但这是一个相当深奥的话题，对于大多数数据科学专业人士来说可能不会感兴趣。

另外，相似性启发式受到距离启发式的同样限制。不过，这么说也有点不准确，因为它们通常无法捕获当前数据信号的全部频谱。例如，尽管余弦相似性是一种出色的启发式方法，但并未考虑所检查两点的实际距离，仅考虑了它们之间的角度。因此，即使它在查找单词或文档相似性的 NLP 问题中很有用，其应用范围也没有所预期的那么广泛。

最后，尽管这一领域的许多研究人员都表现出了极大的创造力，但他们是否已经探索了其中大部分可能性，还有待确定。毕竟，大多数从事该研究领域的人并不总是在寻找新方法；但随着人们试图以新颖的方式解决复杂问题时，这些方法会逐渐出现。

8.5　小结

本章介绍了前几章没有讲到的启发式方法，它们在数据相关工作中非常有用，即熵、反熵和与距离相关的启发式方法，还包括通常源于距离相关启发式方法的相似性启发式方法。显然，通过分析变量各种值之间的不相似性，熵和反熵都能反映一些关于变量的信息。虽然它们主要是为分类变量定义的，但也能用于连续变量，前提是这些变量以适当的方式转换为分类变量，这种转换方式要尽可能多地保持变量的信号。此外，还研究了距离启发式方法，以及以相似性度量指标著称的类似启发式方法。

接着研究了如何通过转换过程将一种指标转化为另一种指标，探讨在计算可行的情况下，如果使用最大可能距离，如何将相似性度量指标限制在 $[0,1]$ 区间内。最后，探讨了所有这些启发式的一些重要注意事项。例如，某些指标的范围，如余弦相似度，可能仅限于 NLP 问题。幸运的是，这些启发式方法的各种局限性开启了新的可能性，让探索这种启发式方法的整个过程成为非常有创意的过程。

伴随着这些启发式方法，我们迈出了在启发式世界中探索的第一步。在接下来的章节中，将探讨与优化相关的启发式方法，以及它们如何帮助我们更有针对性地解决问题。

第 3 部分

面向最优化的启发式

就其本质而言，启发式方法会产生偏差，无论是对人类还是人工智能都是如此，但人工智能的启发式方法不一定适合人类。

丹尼尔·卡尼曼（Daniel Kahneman）

第 9 章

人工智能与机器学习最优化

9.1 最优化理论概述

人工智能（AI）的启发式方法与我们人类使用的启发式方法不一样。毕竟，AI 与人类的思维方式不同，这在它们处理问题的方式上尤为突出。如果你曾与 AI 在类似国际象棋的策略类游戏中对弈过，就会更感同身受了。最优化是一种帮助我们解决数学建模问题或者数据驱动（机器学习）问题的方法。即使你不太喜欢数学或机器学习理论，也有必要学习和掌握这种方法，进而逐渐地了解 AI。任何 AI 系统的核心代码里都有一两个优化器，同时，更加复杂的优化器算法一般也在 AI 领域内。

但到底什么是最优化，为什么最优化很重要？最重要的是，为什么数据专业人员会关心最优化？对于初学者来说，最优化可以帮助我们解决许多问题，比如为我们构建的数据模型找到最佳或接近最佳的参数集。此外，最优化是我们解决某些特定类型问题的唯一选择。而且，最优化可以帮助我们换一个方式思考问题并制定新的策略来找到解决方案。只要你想找到最优的结果，无论是数学建模问题、数据模型问题，还是涉及数学函数的任何其他问题，最优化都是一种强大的方法。最后，最优化也是一个解决商业问题的通用方法，因为许多商业问题都涉及成本最小化、收入最大化或损耗最小化等要求。

不管用什么方法，最优化可以解决数学专业人士使用微积分解决不了的一些问题。微积分很棒，但它们往往局限于某些特定类型的功能：

- 连续的函数（即它们的图形中没有任何断点）。
- 具有一个或两个导数的函数（即可以找到这些函数所依赖的各种变量的变化率）。
- 涉及变量的数量相对较少。

最后一点非常重要，因为在我们的领域中经常要处理具有很多变量的问题。因此，即使我们可以大大缩减数据集，模型中也依然会有许多需要优化的参数，因为通常会涉及创建模型的元特征。此外，大多数现实世界的问题往往非常复杂，传统的优化方法根本行不通。因此，在介绍更复杂的方法之前，请大家先学习并掌握这些基本方法。

本章将概括介绍最优化，包括用例、最优化算法（优化器）的关键组件、最优化在人工智能和机器学习中的作用以及重要的考虑因素。本章没有附带示例代码，但如果你喜欢编码，可以尽情使用传统的优化器代码试验。此外，可以提前找一些数学函数，用我们即将介绍的最优化方法进行试验。请不要担心它们会很复杂，这正是现代优化器的优势所在。

9.2　最优化用例

下面来看一些突出的最优化用例，重点关注那些附加值最大的用例，如物流。尽管这个行业的大多数问题都涉及最小化时间或距离（或两者与其他因素的组合，统称为"成本"），通常用图表进行建模，但物流问题通常涉及许多变量，而且用传统的方法来解决是行不通的。另外，涉及的问题会反复出现，我们可以通过最优化节省大量的金钱和精力，成本节约的价值就会持续显现。举个例子，最优化不仅会让你更快地收到亚马逊包裹，还会减轻送货卡车对环境的影响（如缓解交通压力、降低污染等）。

体现最优化价值的另一个用例是数据仓库优化。尽管与过去十年相比，现在拥有自己独立数据中心的公司越来越少，但数据仓库既可以存储在公司的服务器，也可以存储在云中。因此，优化各种数据流和整体架构并非易事。虽然数据建模人员擅长解决这类问题，但我们至少要知道也可以通过优化方法帮助解决它。

最后，远程通信是最优化的常见用例。这通常转化为数据领域中的提取、转换和加载（ETL）实践。然而，它可能涉及更广泛领域的各种问题，包括卫星传输、移动网络和光纤基础设施。无论如何，这是一个复杂问题，涉及大量投资和长期项目，因此最优化不仅有用而且十分必要。尤其是我们拥有了大量卫星、互联网基础设施，至少对于地球上广大农村地区而言，是传统 ISP 的潜在可行替代方案。此外，如果考虑到正在稳步增长的物联网基础设施，如何去优化数据的流动将成为一个越来越重要的问题。

9.3　最优化算法的关键组成部分

现在让我们就最优化算法的各个组成部分达成共识。首先，我们有**目标函数**（适应度函数），即算法的目标。这是优化器试图最大化或最小化的数学函数。正确定义目标并不是最简单的任务，但在某些情况下，当业务目标明确时，制定算法目标相对比较容易。

适应度变量中涉及的那些变量是优化器需要使用的自变量，该自变量用于找到使目标函数值最大或最小的最佳（最优）值。这些变量是独立的，即使它们有相互依赖关系，优化器的功能也不会受到太大影响。如果这些变量之间存在很强的相关性，那么可以利用这种特性来稍微简化问题，让相关的优化器更容易处理。

除了这些对于每个优化问题都必不可少的组件之外，还有一个可选组件：**约束集**。这是优化器需要考虑对问题变量的一些限制。例如，我们可能希望加权系数变量的总和为 1。这个约束可以形式化为：$w_1 + w_2 + \cdots + w_n = 1$，其中 w_i 是问题的第 i 个自变量，n 是变量的总数。还有一些约束可能与变量的范围有关。例如，我们可能希望变量是正值，在这种情况下，对于介于 1 和 n 之间的每个 i，我们会有一个 $w_i > 0$ 的约束，包括 1 和 n。约束可能会使优化的过程变得复杂，但它们对于正确的建模和获得有用的解决方案通常是必不可少的。

优化算法的附加组件包括与其功能相关的各种参数。附件组件因优化器而异，但也很重要，因为它们会影响算法的性能。通常会有一些默认设置可用，如果对性能或优化器的结果不满意，可以调整这些默认设置。我们将在接下来的几章中具体介绍优化器及其设置。

9.4　最优化在人工智能和机器学习中的作用

下面开始讨论最优化在人工智能和机器学习中的应用。虽然我们不会在本书中详细介绍这些具体应用领域，但它有助于提升对最优化价值的认识，尤其在最优化不断演进的方面。

最优化在有大量参数需要优化的大型人工神经网络（也称为深度学习网络）中很有用。尽管传统的最优化算法效果很好，但有时我们需要在太阳变成超新星之前训练深度学习网络[○]——训练深度学习网络真的非常耗时。幸运的是会有更高级的优化器可以提供更好的解决方案。对于更复杂的深度学习网络尤其如此。注意在一些涉及大量参数的场景，最好使用更高级的优化算法。当然，当使用较小规模的 ANN 时，传统的优化器就可以了。

机器学习算法也在一定程度上使用最优化，尤其是集成模型，即使是比较简单的决策树模型也使用了一些最优化（这个模型的某些版本涉及熵的启发式）。只要可以使用成本函数

　　○　寓意要加快训练速度。

定义出模型的性能，你就可以尝试使用一些优化算法来找到该函数的最小值。这种情况下的典型成本函数可能是分类中误报和漏报的数量，或回归问题中的均方误差。通常，所有这些都涉及训练数据集，有时也会涉及验证数据集。

优化数据模型中的参数可能很棘手，因为有时候会优化过度，会导致模型过度拟合，这是不可取的。不过如果仔细选择适应度函数，最优化就很有用了。最好先了解和选用机器学习模型中现有的优化器，然后再用自己的优化器。如果决定创建自己的模型，则有必要了解最优化与人工智能和机器学习的关系，可能需要在自己创建模型的 fit() 或 train() 函数中运用最优化程序。梯度下降这样的优化器相当不错并且很受欢迎，但它们也只是众多最优化算法之一，我们将在下一章中看到更多的最优化算法。

9.5 重要注意事项

最优化是一个 NP-hard 问题，尤其是在处理约束时。对于非计算机专业的科研人员来说，找到最佳解决方案是相当困难的，而且随着变量数量的增加，问题的复杂性也会急剧增加。同时，找到最佳解决方案没有捷径可走，至少在所涉及的算法方面是这样。为了解决这个问题，我们经常依赖启发式方法，同时牺牲一些解决方案的质量。我们虽然没有解决最初的 NP-hard 问题，但我们找到了对最终用户来说足够好的近似解决方案。因此，对于给定的问题，我们可能无法获得最佳解决方案，但会找到足够接近的可行方案。我们将在下一章详细讨论这种优化。

此外，要记住有时变量类型在优化问题中起着至关重要的作用。例如，有时我们正在查看整数变量，因此像 $x^* = (2.4, 5.1, 9.9, 0.6)$ 这样的结果是不可接受的。此外，在这种情况下找到最优解并不像四舍五入那么简单，因为这些舍入误差会累积，并且在很大程度上取决于解空间在该区域的斜率。因此，最好选择针对整数输入（离散优化）的特定优化器来解决此类情况。

优化需要大量计算资源，尤其是在问题涉及大量变量和约束时。因此，在执行那些将提供潜在解决方案的脚本之前，请确保分配足够的资源并等待它完成，过早地中断可能会浪费资源和时间。也许可以先稍微简化问题，或选择更合适的优化方法以更好地利用资源。最优化是一种解决问题的强大方法，但它不是一种即插即用的技术，你可以将其分配给初学者，然后去忙别的事情。

最后，一些更先进和现代的优化器会涉及某种形式的随机性。即使输入相同，它们产生的输出在每次迭代中也可能不同。又或，即使使用目标函数定义明确的优秀优化器，也可能会产生不充分的解。因此，尝试多优化几次，然后选择能够更好地使目标函数最小化或最大化的解。

9.6　小结

本章开始了我们的最优化之旅，最优化可以视为一种方法：通过数学定义问题并在一组变量和约束中找到最优解。我们论述了最优化的价值，特别是在物流、仓库优化和电信等行业。更加复杂的最优化模型对人工智能和机器学习更具价值，但训练它们需要管理大量参数。接着介绍了最优化需要注意的事项，包括优化是一个 NP-hard 问题、变量类型的重要性、大规模优化问题需要大量计算资源，以及许多优化器具有随机性等。

接下来，我们将看看启发式方法如何在优化方法中体现价值。我们还将通过示例代码让讨论过的所有概念更加具体。注意，优化的重点将放在更高级的优化器上，它们也将更有趣。

10

最优化中的启发式方法

10.1 一般优化中的启发式方法

就像任何 NP-hard 问题一样，最优化非常耗时，当问题的维数增加时更是这样。例如，现在很容易找到具有 5 个甚至 10 个变量问题的绝对最优解。然而，当维数增加到超过临界点时，就不值得花费计算资源去寻找绝对最优解了。此外，所需的时间似乎会随着变量和约束数量的增加呈指数级增长，限制约束通常也是最优化问题的一部分。那么我们该怎么办？

只有再次求助于启发式方法，更复杂的方法会包含整个算法，能够更有创造性地解决最优化问题。既然我们已经用这种方法解决了不少问题，那么类似的启发式方法也可以帮助我们解决各种优化问题，甚至是非常复杂的问题。

本章将总结其中一些基于启发式的最优化算法。我们将专注于粒子群优化（PSO）并探索它如何使用启发式算法，以及整个算法本身是怎样启发式思考的。我们还将研究一些关于优化启发式的重要考虑因素，包括 PSO 算法。本章附带示例代码，其中包含 PSO 的实现和一些示例应用。通过查看这些代码，可以找到一些新的思路，如使用替代适应度函数和参数值等。

10.2　使用启发式的特定优化算法

有以下 4 类基于启发式的优化算法。

- 基于群体的算法（如 PSO）。
- 遗传算法。
- 模拟退火算法和变体。
- 其他基于启发式的优化器。

下面分别看每一类算法。这些优化算法中的大多数通常被称为自然启发式算法，因为它们借鉴了自然界中发现的想法，模仿了在野外观察到的一些过程，最明显的一类是基于群体的算法，这些算法模仿了昆虫群体的运动。

10.2.1　基于群体的算法

看到标题可能想知道蜂群与优化有什么关系？毕竟，优化是关于数学函数的。但是这些问题的每个潜在解本质上都是 n 维空间中的一个点，代表所有可能的解（我们将之称为问题的解空间）。因此，如果追踪其中一个解的变化（演变过程），我们会观察到类似于昆虫的运动。如果要追踪同时移动的多个这样的解，以及它们彼此的相互影响，我们就会看到一个群体的运动。

使用群而不是单一解可能是优化历史上最具创新性的思路之一。群代表了我们思维的飞跃，因为我们不再把所有的鸡蛋都放在一个篮子里，而是从一系列的可能性中找到最优解。金融领域的策略是投资组合，而不是将所有资金进行单一投资。从长远来看，除非整个市场崩盘，否则这样的策略应该表现良好。基于群体的优化算法也是如此，它依赖于各种潜在的解一起或以互补的方式起作用，以获得整体良好的结果，也即适应度函数的最优值。我们将在 10.2.2 节和附带的示例代码中深入研究一种此类算法。

10.2.2 遗传算法

在过去的几十年里，遗传学一直是一个受欢迎的领域，它让生物学名声大噪。然而，这些算法采用的遗传学概念并不涉及 DNA 本身，而是涉及字符串或数字，它们代表优化问题的潜在解（一种信息 DNA）。由于存在许多基于相同概念的此类算法，我们通常将这种方法统称为遗传算法（GA）。这也可能是最发达的优化算法系列之一，并且必将进一步发展。

最初，遗传算法用于解决离散优化问题，它因比其他任何优化器都能更好地解决旅行商问题（Traveling Salesman Problem，TSP）而闻名。TSP 是一个 NP-hard 问题，涉及的是一个典型的物流场景，即单个销售人员需要绕过某个区域，经过每个主要城市一次，然后返回起点。时间就是金钱，旅行商不想在路上多花不必要的时间。他可以为几个城市规划最佳路线，但是当城市数量增加时，有效解决这个问题的唯一方法就是通过基于启发式的优化器。

遗传算法还可以解决涉及连续变量的问题，尽管解决方案的精度可能会使算法的参数在计算资源方面要求更高。对于优化方法的新手来说，除了计算资源问题外，参数问题也很棘手。因为会有很多参数，要得到最佳值并不容易，因为它们通常取决于问题本身。遗传算法还适用于处理具有共同演化的潜在解集合的问题，然而这与基于群的优化器有很大不同。在第 11 章中，我们将更多地讨论遗传算法，以及适合这种算法的复杂优化场景。

10.2.3　模拟退火算法和变体

这个优化器已经存在了 70 多年，尽管它在 20 世纪 80 年代才被认为是一个独立的优化器。作为一个热力学术语，物理退火指的是液体冷却形成晶体的自然现象，模拟退火算法（Simulated Annealing，SA）借鉴这一概念并将其应用于数学函数以找到最优解。此外，与前两类优化器不同，这一类优化器使用的是随时间演变的单一解。

在 *AI for Data Science* 一书中，我们将这种优化算法描述如下：

"SA 模拟退火过程的核心是温度，即整个过程的控制参数。温度从相当高的值（如 10000℉）开始，然后逐渐下降，通常以几何速率下降。通过这个过程，液体的能级也会随着它逐渐变成固体而下降。这可以用适应度函数的值来表示，通常将其最小化（也可以最大化）。由于温度相对较高，搜索空间可能发生较大变化，这使得探索更多潜在解决方案变得可行，至少在流程开始时是如此。一旦温度降低，探索量就逐渐减少，因此该方法有利于搜索空间的遍历；再往后，算法更倾向于对找到的解进行优化。"

由于我们不会在本书中详细介绍 SA，考虑到读者希望实现它或研究得方便，因此至少包含它的伪代码似乎是一个很好的折衷方案。*AI for Data Science* 一书中的一段摘录解释得比较清楚，如下所示：

1）定义优化模式（最小化或最大化）、初始温度、温度下降率、每个变量的邻域半径和初始解向量。

2）在同一邻域中提出更新的解决方案，并使用适应度函数对其进行评估。

3）接受有助于改进解的更新。

4）接受一些不会改进解的更新。这种"接受概率"取决于温度参数。

5) 降低温度。

6) 重复步骤 2) ~5），直到温度达到零或预定义的最低温度。

7) 输出找到的最优解。

10.2.4 其他

除了上述基于启发式的优化方法外，还可以自行探索其他几种方法（如果有足够的创意，甚至可以创建自己的优化器）。然而，这可不像提出基本甚至高级 EDA 启发式方法那么容易。开发一个全新的元启发式算法更具挑战性，尤其是希望它能比现有优化器更好地解决某一类问题时。事实上，这样的想法是可以做一个实实在在的博士课题的，这需要大量的数学和编程知识，这个主题远远超出了本书的范围。不过，值得一提的是，优化领域并不局限于以上这些或任何其他类别的算法，这是一个非常活跃的研究领域。

10.3 粒子群优化和启发式

10.3.1 概述

下面让我们回到粒子群优化，这可能是最有趣和研究最多的基于群的优化器之一。最初的类群优化器启发了其他更新颖的优化器如 *AI for Data Science* 中介绍的 Firefly。

PSO 是一种简单的基于群的算法，其中群的成员称为粒子。一个群中有 N 个粒子，这是该方法的主要参数之一。尽管 PSO 的一些用户会为各种问题设置 N 的常量值（如 50），但作者发现让 N 与问题中变量的数量（如 $N = 10nv$，其中 nv 是变量的数量）对应会产生更好的结果。毕竟，更复杂的问题需要更多的粒子来覆盖更大的解空间。可以将其称为启发式算法，尽管它不是原始算法的一部分。该算法获取这 N 个粒子并将它们放置在随机位置（优化器随机性质的一部分），然后将它们四处移动进行 ni 次迭代后输出结果。最后结果就是表现最好的粒子的位置，以及它插入目标函数时对应的值。

　　请注意，ni 最好在较大时使用，即使这样可能会降低性能。为了平衡这一点，我们可以包含另一个名为 iwp 的参数，它代表没有进展的迭代次数。因此，如果算法的最佳解决方案在 iwp 次迭代后仍然没有显著改善，则算法会停止，即使它还没有达到第 ni 次迭代。注意，iwp 不在原始算法中，但值得添加进来，因为它不会对算法的性能产生负面影响。

10.3.2　PSO 算法的伪代码

　　如果你更喜欢 PSO 的编程，下面是它的伪代码，正如 Eberhart 博士和 Kennedy 博士在 1995 年[⊖]首次介绍它的论文中所描述的那样：

```
For each particle in the swarm

        Initialize particle by setting random values to its initial state

End

Do

        For each particle in the swarm

            Calculate fitness value

            If the fitness value is better than the best fitness value in its history

(pBest):

            pBest←fitness value of particle
```

⊖　Kennedy, J. and Eberhart, R. (1995) Particle Swarm Optimization. Proceedings of IEEE International Conference on Neural Networks, Vol. 4, 1942-1948. http://dx.doi.org/10.1109/icnn.1995.488968.

```
End

gBest ← particle with the best fitness value of all the particles in the swarm

For each particle

    Calculate particle velocity according to equation A

    Update particle position according to equation B

End

Repeat Until maximum iterations are reached OR minimum error criteria is attained
```

10.3.3　启发式方法的应用

粒子群（PSO）算法采用了两种巧妙的启发式方法，使解群适应在解空间中漫游获得新信息。这个过程对应于参数 c，这是我们优化器实现中的一个向量（请参阅示例代码）。在原始算法中，它是两个值，$c1$ 和 $c2$，对应于每个粒子受以下因素影响的程度。

1）例子自身的最佳位置。

2）群中表现最好的粒子。

我们用这两个参数和一些动态生成的随机数来计算每个粒子在解空间中的速度。我们还会使用另一个参数 $maxv$ 来限制它们的速度，使它们不会变得太高（导致群体行为不稳定）。每个粒子的速度帮助我们计算它的新位置。我们在这里使用离散时间，每个时间单元都是算法的一次迭代。

现在，你可能认为算法中的所有这些随机性可能会使其不稳定，并导致混乱的行为发生。与直觉相反，随机性使得算法更加稳健并且可以实现局部最优。也就是说，解空间中的解与其邻域相关的解比较看起来不错，但总体上不是很好。当然，随机性可能导致算法每次运行都会输出不同的结果，但这些结果往往彼此都非常接近。如果不是，那么就是使用的参数有问题，所以这不是 PSO 算法的错。你可以在 TowardsDataScience 上找到该算法可视化的有趣展示：https://towardsdatascience.com/particle-swarm-optimization-visually-explained- 46289eeb2e14。

说 PSO 很出色是一种轻描淡写的说法，在处理许多优化问题时的效率才更能凸显算法的厉害之处，甚至还有它在优化 ANN 权重方面的应用。可以这么说，即使你撰写一篇关于 PSO 变体的论文，就像作者在 2010 年代初所做的那样，仍然只是触及这个优化器的表面。因此，如果你有兴趣进一步探索它，最好的方法是研究它在代码本中的实现，并探索如何改进它或在各种优化场景中使用它。

10.4　重要注意事项

整体来看，最优化中的启发式主题似乎很简单，但最好记住。如果决定进一步研究这个主题，以下这些注意事项很关键，也可以通过本章随附示例代码进行一些沙箱编程来探索验证。

首先，虽然我们讨论的一些启发式方法似乎与最优化相关，但它们可能不一定适用我们碰到的具体问题，因为它们是针对不同问题设计的。如果希望它们表现良好，并为解决此类问题提供有效价值，通常最好使用专为最优化设计的启发式方法。当然，如果你提出了一个广泛适用的轻量级启发式方法，应尝试一下这种方法解决问题的效果。不过，在开始这样的努力之前，需管理好你的期望，因为能够多样性适配的启发式方法千载难逢（我们将在本书的第 4 部分详细讨论这种启发式方法）。

更重要的是，如果不确定将哪种基于启发式的优化算法用于（复杂）问题，你可能想实际尝试一下不同的算法。如果它们都不能很好地工作，可能需要稍微修改一下它们的参数。每个优化问题都是相对独立的，就像数据分析问题一样，因此在尝试解决它们时最好记住这一点：放之四海而皆准的方法可能会效果不佳，或者无法节省时间。此外，类似于其他基于启发式的优化器，PSO 对涉及的参数敏感。默认值 $c1 = c2 = 2.0$ 和 $maxv = 2.0$ 可以很好地作为起点并为解决大多数问题产生不错的结果。但是，如果收敛的时间很长（算法运行缓慢），可能需要调整参数的默认值。但是需注意，高参数值可能会使算法不稳定，无法收敛或得出好的解。这是大多数现代优化算法均面临的问题，即速度和准确性之间的权衡。

此外，尽管 PSO 相当成熟和完善，但它并非没有局限性。即使不是优化专家，也可以开发自己的变体，将一种或多种启发式方法添加到核心算法中，使其更准确或更稳健地应对复杂的解空间。速度可能会因此受到一些影响，但对于更具挑战性的优化问题而言，通常值得妥协。毕竟，从计算的角度来说，这样的妥协成本不高，而且从长远来看是值得的。

此外，尽管科学文献中披露的 PSO 和其他基于启发式的优化器已经相当成熟，并且受到所有了解它们的人的尊重，但它们都是从一个初创性项目开始的。它们的创造者不知道这些算法作为优化器会有这么成功，尽管他们非常希望如此。因此，如果对优化领域的启发式方法有好的思路，也可以试一试。至少，会学到一些东西并更好地了解整个领域。

最后，每种启发式方法都一样，PSO 也有它适用的范围，即使它的各种变体已经能够解决诸多问题。通常，每个变体都会解决原始 PSO 算法特定的某个缺点，将其适用性进行扩展。不过，最好为离散优化问题选择另外的优化器。遗传算法可以是一种选择，我们将在第 11 章中探索。所以，如果喜欢 PSO，一定也会喜欢遗传算法，甚至可能比 PSO 更喜欢。

10.5　小结

我们从整体的角度审视了优化中的启发式方法。对于初学者，研究了一般优化中的启发式方法，以及相关的一系列优化器，特别是针对复杂问题的最优化。还研究了基于启发式优化器的主要家族成员，以及每种优化器在建模和解决问题的方法上有何异同。它们中的一些更专注于特定问题（如离散变量），即使它们可以处理超出其特定范围的场景。此外，我们查看了模拟退火算法的概要伪代码，我们还研究了粒子群优化算法，以及它如何依赖启发式算法来实现其高效的功能。最后，探讨了一些重要注意事项，包括所有这些优化器都有自己的应用范围。粒子群算法（PSO）有许多有趣的变体来扩展其功能，对于涉及离散变量的更专业的问题，有时最好完全求助于其他优化器。

接下来，我们将讨论一系列此类优化器，即遗传算法它们非常适合离散优化问题和其他高度复杂的场景。

11

第11章

复杂的最优化系统

11.1 复杂优化器概述

正如一句流行语所言，"现代的问题需要现代解决方案"，使用传统的优化工具无法优化解决今天的问题，尤其是与 AI 相关的工作，我们需要复杂的优化器。复杂的优化器采用一种更复杂的方法来找到隐藏在解空间中的最优值。它们可能会采用不止一种策略和多种启发式算法，如我们之前研究过的粒子群方法（PSO）。一个人投入整个博士学位时间来研究某种优化方法，以便做出改进的情况并不少见。幸运的是，你无须拥有博士学位或成为数学专家即可理解和实施此类算法。

本章将研究这样一种复杂的最优化方法，即遗传算法（GA）家族优化器。我们会研究 GA 中涉及的启发式方法，以及它们如何将一个简单的想法（如 GA 所基于的想法）转化为足够复杂和智能的东西以解决复杂问题，如图 11.1 所示，并通过本章附带的代码实践验证它们是如何解决这个问题的。此外，我们还会研究使用 GA 时的一些重要注意事项。

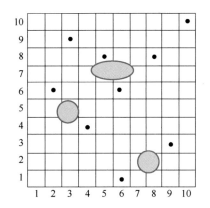

图 11.1　适合使用高级优化器解决的一个示例问题（尤其是在规模增加时）

解决这个问题通常需要考虑自然障碍物的限制，因为如果有其他选择，把车开到公园或湖泊中并不是一个好主意。毕竟，我们只需要用尽可能少的高速公路里程连接所有城市（大多数城市不会直接相互连接）。这个问题可能你自己就可以解决，但想象一下，如果我们有 90 个或 900 个城市而不是 9 个城市，那时像 GA 这样的优化算法就会派上用场了。

11.2　遗传算法家族优化器

下面通过遗传算法（GA）家族优化器探索这类优化方法。首先从一些关键概念开始，讨论香草味遗传算法[⊖]，并涵盖其局限性和变化。这个算法家族还有很多成员，但其中大多数主要集中在学术领域，通常缺少实际应用。尽管如此，我们还是会提到其中的几个，以便于有人有兴趣进一步研究这个话题。

　　⊖　香草味是一种传统口味，代指准遗传算法。

11.2.1 遗传算法的关键概念

我们通过研究这种优化方法的关键概念来开始对 GA 的探索。首先，整个 GA 生态系统遵循以下 5 个原则。

1）每个个体（潜在解决方案）都在与其他个体不断竞争，有时会与其他个体合作，以创建新的个体。

2）根据手头问题的适应度函数来评估每个个体的适应度。

3）选择合并最成功的个体（基于它们的适应性）来繁衍后代——居住在那一代种群中的新个体。

4）最适者的组成部分（基因）在整个世代中传播，逐渐改善种群的"遗传库"，随着时间的推移会产生更好的个体。

5）通常，新一代都会比上一代更适合环境，因此会产生更好的解决方案。

请注意，上面的"代（Generation）"与粒子群方法（PSO）中的"迭代"意义相同。此外，"个体"与"粒子"之间也存在直接对应关系。同时，适应度函数在这两种情况下起着相同的作用，即使每种方法由于使用特定编码模式而采用不同的输入也是如此。每个个体通常被称为染色体，对应于问题的特定解决方案。每个染色体包含多个基因，这些基因是构成潜在解决方案的变量（通常是二元的）。种群是所有个体（染色体）的集合，并且在整个优化过程中往往保持相同的大小。

遗传算法通过以下 3 个主要操作来实现从一代到下一代的选择和更改。

1）选择（Selection）。这意味着具有较高适应性分数的个体更有可能通过被选为合作伙伴而（部分）进入下一代。有多种选择策略，最简单的是基于每个个体的健康分数的轮盘赌，这是算法中使用随机性的一个地方。

2）交叉（Crossover）。这涉及两个个体之间的合作。一旦算法通过前面的过程选择了一对染色体，它们的基因子集就会被随机选择并放入一个新的染色体中，即后代中。该染色体的大小与双亲的大小相同。发生这种情况有多种策略，最简单的是将亲本 A 的染色体一分为二，随机取一半与亲本 B 的互补部分结合，整个过程也是高度随机的。

3）突变（Mutation）。这涉及改变一个或多个随机基因，以增加种群基因组的多样性。在实践中，通过突变使种群足够多样化以避免过早收敛，从而导致次优结果（即局部最优）。虽然在每一代选择和交叉这两个操作总是会发生，但突变可能根本不发生或只发生在某些世代，就像其他操作一样，这个也是高度随机的。

11. 2. 2　香草味遗传算法及其局限性

香草味遗传算法遵循以下逻辑。

1）初始化。使用一组随机染色体创建种群 p。

2）对于种群中的每个个体，使用适应度函数计算其适应度。

3）重复直到发生收敛。

　　a. 根据先前计算的适应度值，从种群中选择双亲。

　　b. 交叉和产生新的个体构成下一代种群。

　　c. 对一个或多个个体进行突变（以给定的概率）。

　　d. 计算新种群中每个个体的适应度。

我们可以为每一代找到表现最好的个体，并存储具有最佳适应性得分的个体。当新种群在连续几代中的最佳改善没超过预先定义的给定阈值时，称为收敛。否则，该算法会一直运行，直到达到预定义的世代数。在这种情况下，算法会产生性能最好的染色体及其相应的适应度分数。

我们可以用任何有意义的方式对每个染色体进行编码。在最简单的情况下，它可以是一系列二进制值——本质上，染色体是一个二进制变量。在其他情况下，它可以是一系列字符或字符串，染色体甚至可以包含数字（在需要优化的连续函数的情况下）。尽管在某些情况下，这是一项简单的任务，但在更复杂的问题中，将解决方案编码到染色体中也是一项具有挑战性的任务，需要进行适当的规划。

11.2.3 精英主义变体（Elitism Variant）

这个简单的变体非常基础，以至于让人怀疑为什么它没有包含在最初的 GA 中。它指出，无论如何，我们始终保留每一代中表现最好（最适合）的 N 个个体。有时不使用绝对数字，而是使用种群规模的一定比例。因此，即使父母的表现优于后代，该染色体仍会保留在种群中，即使与新个体相比它是旧的。当然，如果我们考虑这种变异的后果，那么相比单一物种在生态系统中以进化方式生活的理念类比就开始崩溃了。我们将在本章的代码本中介绍 GA 中的精英主义。

11.2.4 缩放比例修改（Scaling Hack）

精英主义（Elitism）不是原始 GA 的一部分，它只是 GA 的一种变体，甚至可以说是一种启发式方法。缩放（Scaling）与种群中不同个体的适应度函数值有关，以便它们更分散或更靠近。根据选用的缩放函数，最终可以得到对选择过程更有意义的适应度值。无论如何，我们在将各种适应度值缩放为 1 之后再对其进行归一化。这与类似轮盘赌的选择过程有关，因此有必要使所有适应度值加起来为 1。毕竟，随机数往往服从均匀分布，取值介于 0 和 1 之间。

11.2.5　约束调整（Constraints Tweak）

非常有趣的是，最初的 GA 甚至没有约束选项。幸运的是，可以通过调整适应度函数轻松添加这些内容。例如，假设有一个问题涉及找出各城市之间的最佳连通性。你正在建设高速公路网络，并且希望使用尽可能少的混凝土。通过将成本描述为每对城市之间距离的函数，就成为适合通过 GA 算法解决的优化问题。然而，在某些情况下，在两个城市之间修建高速公路是不可行的，是因为它们之间存在物理障碍，如中间区域被国家公园等保护区占据。回忆一下图 11.1，这构成了问题的约束，因为任何解决方案都涉及这样的城市。因此，你可以调整适应度函数，使该连接具有非常高的成本。注意，"非常高"应该是一个有限的数字，否则，因为少数染色体的适应度函数为 0，可能导致算法无法收敛。我们将在本章的代码手册中研究这种情况。

11.2.6　其他变体

这些修改和调整对改进原始 GA 非常有用，但对更复杂的变体呢？其中也有一些，下面简要介绍一下。

混合遗传算法（HGA）是一个集成，包括用于全局搜索的 GA 和用于局部搜索的另一个优化器（通常涉及导数）。一旦 GA 开始收敛，则不再对其解决方案进行太多改进。这种混合方法使我们能够更快、更准确地找到好的解决方案。如果可以区分适应度函数或需要精确的解决方案，则 HGA 是一个很好的选择。

自组织遗传算法（SOGA）是另一种变体，GA 不仅可以处理手头的问题，还可以处理自己。特别是它优化了自身的参数和问题的变量，省去了自己微调算法的麻烦。因此，从某种意义上来说，SOGA 有资格称为人工智能系统，尽管它更有可能成为人工智能系统的一个组成部分。

另一个值得关注的变体是可变选择压力模型（VSPM）。它涉及一种更复杂的选择策略，通过使用"婴儿死亡率"的概念来保证人口中某种程度的多样性。这个概念涉及一个有趣的策略，即种群中较弱的染色体不会传给下一代，为更强大的染色体留出空间。

遗传规划（GP）虽然更像是一种方法论而不是简单的 GA，但可以被视为某种变体，尽管它是一种非常专业的变体。GP 涉及从其他被建模为基因的更简单的函数构建一个合成函数，优化所涉及的数据不是适应度函数，而更像是一对数据流，一个用于输入，一个用于合成函数所需的输出。这就像回归算法和人工神经网络的结合，不过它比回归算法更复杂，比任何传统的人工神经网络都更透明。然而，GP 并不那么容易使用，如果你不知道自己在做什么，很容易创建一个过拟合解决方案。

11.3 应用于遗传算法的启发式方法

如果启发式方法像野生鲑鱼，那么遗传算法就像河流网络。即使 PSO 适合使用启发式方法进行各种调整，但这通常会导致产生新的优化算法，GA 会在一个全新的水平上做到这一点。很多人认为，GA 是启发式方法最发达的地方，至少在最优化领域是这样。

具体来说，把启发式用于算子选择，还涉及适应度分数。这创建了一个公平的系统以挑选一个好的个体进行交配。显然，我们可以对所有个体进行排名，然后选出排名靠前的个体，但这样做会使算法偏向那些表现优异的个体，逐渐淘汰所有其他个体。起初的表现可能很好，但最终会导致优化器收敛到局部最优。因此，选择启发式方法确保了某种多样性，使每个个体都有机会将其基因传给下一代。

我们在 GA 中的另一种启发式应用是合并两个不同的潜在解决方案（交叉）。因为这个过程存在很多随机性，也确保了结果的多样性。还有就是，这个简单的规则使优化器能够探索解空间中原本无法访问的区域。此外，新的解决方案相比以前的解决方案，可能会有足够的差异，这一点也很有用，不会显得"过时"。

更重要的是，通过采用启发式变异，避免了解决方案停滞不前。即使我们找到了一个好的解决方案，如果没有随机偶然的变异，它也可能保持不变，因为没有其他解决方案可以借给它基因。这就与在现实世界中一样，各种生物会随着时间发生变异。GA 世界中的解决方案也遵循相同的模式，使优化器能够探索这些微小的变化。

当然，我们可以把**精英主义**变体视为一种启发式，甚至可能是一种基本的启发式。在不给算法增加太多计算负担的情况下，它确保优化器至少能找到一些优秀解决方案传递给下一代。当然，至少它们中的一些个体会结合繁衍，让它们的基因留在种群的基因库中，但如果它们的后代不是那么好怎么办？因此，在下一代中保留少数完好无损的个体，对于每一代来说，都是明智之举。**精英主义**的启发式方法实现了这一点，尽管它可能会稍微减缓进化过程。然而，如果你过度使用**精英主义**，优化器将陷入由那些精英个体所代表的局部最优，即使不是完全不可行，也会使收敛变得困难。

最后，**缩放调整**也是一种启发式方法，可以使选择更加公平。当"交配"季节到来时，这个简单的数学运算可以在不同的个体之间实现某种公平。例如，某些个体的健康分数可能比其他个体高出几个数量级，这使它们成为唯一有机会"交配"的候选人。显然，这样做会破坏选择过程，因为那些健康个体会一直被选中。可以通过使用 sqrt( ) 或 log( ) 之类的缩放调整函数来平衡各种适应度分数，同时仍然保留它们的排名来补救。在相反的情况下，当适应度分数之间的差异非常小，甚至几乎可以忽略不计时，可以使用不同的函数，如 exp( )，进行缩放，从而使这些分数差异变得更加明显。这样可以使选择更有意义，毕竟不同的个体不会像蓝精灵一样完全相同。

11.4　重要注意事项

希望到目前为止，你还没有对 GA 感到太过兴奋，因为它们一开始即使不令人沮丧，也可能很棘手。算法提供的许多选项可能使解决特定变化的参数设定有挑战性。所以，如果你正在寻找简单的东西，可能来错地方了——你可能想回到粒子群算法，甚至模拟退火算法，当然你首先得精通它们。如果你对 GA 真的很感兴趣，最好从理解案例的现成代码开始，然后努力解决更具挑战性的变化和问题。

此外，尽管标准遗传算法可能看起来简单易用，但它可能是现存最糟糕的遗传算法之一。功能有限甚至还有问题的算法如何撑起了遗传算法家族的辉煌，这真是难以置信。所以，如果你打算使用那个原始的遗传算法，千万不要这样做（除非只是为了掌握这个优化器涉及的主要概念）。

更重要的是，遗传算法很强大，并不意味着它们总是运行良好。它们非常脆弱，对初始参数的依赖性很高，所以如果没有产生足够好的结果，请不要责怪它们或你的计算机。可能是它们需要一些调整，也许是之前讨论过的任何调整之一。如果想让它们工作，最好从默认参数开始，初期阶段围绕默认参数调整它们。

此外，就像粒子群算法一样，遗传算法非常适用于我们无法区分适应度函数，或计算区分过程非常昂贵的场景。然而，如果你可以轻松访问适应度函数的导数，其他更传统的优化方法可能更有效地找到准确的解决方案。同样，正如我们在变体部分所看到的，你可以始终将遗传算法和基于导数的优化器组合在一起，以获得更好的结果。

最后，如果你用遗传算法解决问题，如何编码至关重要。在某种程度上，其他高级优化方法也是如此。有时，快速而糟糕的编码模式一开始可能会节省时间，但可能会给遗传算法带来更具挑战性的问题，这势必会导致产生不准确的解决方案。在将问题交给遗传算法解决之前，或许可以发挥一些创意，思考如何进行编码。

11.5　小结

我们以一个复杂的最优化场景为例，探讨了遗传算法家族优化器的主要方面。具体来说，复杂的最优化系统在解空间中寻找最优解的过程，与一套复杂的方法相关，通常要处理约束和其他一些限制。此外，我们将遗传算法家族优化器作为复杂优化器的示例。最初的标准遗传算法相当简单，可能不会有惊人的结果，但通过一系列调整和附加组件，可以生产一套类似的算法，这些算法具有更强大的性能并会产生更准确的结果。所有遗传算法都涉及一些关键操作，如选择、交叉和变异。此外，我们研究了遗传算法如何使用启发式方法来找到问题中广受欢迎的最优解。前面提到的算子，以及精英主义和缩放算法都属于启发式。最后，我们讨论了遗传算法中的一些重要注意事项。

在第 12 章中，我们将研究最优化集成，以及不同的优化器如何协同解决问题。然后，在不涉及太多技术的情况下，继续了解启发式方法如何赋能优化任务，并更好地理解智能是什么，至少在解决问题的领域是这样的。

12

最优化集成

12.1 最优化集成概述

我们可以将各种优化器组合在一个集成环境中，如预测数据模型。通过合作，它们可以产生更好（更准确）的解决方案，或者更快地找到一个合适的解决方案。然而，这不是一件容易的事，所以该领域很少有人谈论这种优化系统。毕竟，优化启发式方法本身就已经足够复杂了，再组合其他启发式方法，大部分专业优化人士不愿意这么干。

最优化集成在科学文献中通常被称为混合系统（Hybrid Systems）。然而，当集成（Ensemble）作为大家都认可的通用叫法时，我们更愿意避免在 AI 优化相关的庞大词典中添加另一个术语。此外，因为它与描述数据模型功能组合的术语含义相同，这也是业内最常用的术语。

在本章中，我们将从优化集成的结构开始，深入地探讨最优化集成。然后，在给出关于这些优化系统的重要注意事项之前，我们将继续检查启发式方法在最优化集成中的作用。本章没有随附的示例代码，但欢迎读者创建自己的代码或对之前的代码进行补充，以进一步探索本章提出的思想。

12.2　最优化系统的结构

最优化集成就像某种元优化器。换句话说，它是一种更复杂的优化算法，其中包含其他优化器作为其组件。*AI for Data Science* 一书中的一段摘录很好地描述了这一点：

> 最优化集成结合了解决同一问题的各种优化系统的能力。这些系统可以是具有不同参数和/或初始值的相同方法迭代，或者它们可以完全包括不同的方法。再或者，最优化集成可以将数据从一个优化器交换到另一个优化器，以试图进一步提高结果的准确性。自然而然地，这种方法需要对所涉及的方法有更深入的了解，以及对现有问题的每个解决方案进行更精细的调整。

通常，最优化集成会将所有这些优化器部署为集成计算机及网络环境的一组专用程序（Worker）。这种框架被称为并行性（集群计算是一种流行的形式），并用于各种数据科学应用程序中。在任何情况下，我们都可以构建如图 12.1 所示的最优化集成框架。

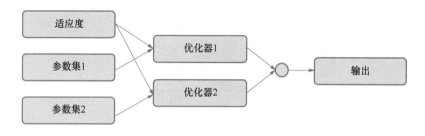

图 12.1　最优化集成框架

请注意，图 12.1 中两者的适应度函数是相同的，并且我们在集成产生单个输出之前比较优化器的输出。在图 12.1 中，圆形节点表示合并两个优化器产生的两个信号。这种合并是使用基本算子，如 min() 或 max()，进行的，具体取决于最优化模式。当然，此设置中可以涉及任意数量的优化器。

通常，将一个 main 方法作为该组的主要程序，类似于 map-reduce 设置的 reduce 节点。该方法将负责协调各种优化器并组合它们的输出。这些优化器中的每一个都可以独立工作，也可以使用另一个优化器的输出，如跨不同层的 ANN 节点。它的具体功能取决于架构及其主算法。各种优化器可以是相同算法（如 PSO 的各种实例），抑或是不同算法（如 PSO、萤火虫、蚁群优化器等）。

重要的是要注意，只要还有一个优化器/工作节点处于活动状态，整个集成就处于运行状态。为此，有必要对各种优化器进行微调，以在允许的时间内都完成任务，这样其他环节（尤其是主程序）就不必等待太久。这就是为什么有时最好在优化网络的各个工作节点上使用相同的最优化算法。

12.3 启发式方法在最优化集成中的作用

最优化集成通常严重依赖于启发式方法，但这并不意味着前者必须包含基于启发式的优化器。你可以拥有一个包含各种优化器组件的最优化集成，但至少有一个基于启发式的优化器，可能会更好。组合这些优化器取决于问题的复杂性，包括涉及的变量数量和解空间的格局。

在最优化集成中，简单一些的启发式方法通常就足够了，如可以将其用作任何优化器的终止条件。如果优化器没有在某个预定义阈值（通常描述为容差常数）上取得进展，则该优化器就应该停止工作。注意，此类启发式可以用于任何优化器中，并且不需要优化器成为集成的一部分。但是，假设把优化器用于集成，那么这种启发式就是必要的，因为在网络其他部分处于等待的情况下，让优化器不必要地运行不是我们想要的结果，并发使用时尤其如此。

我们可以使用不同的启发式方法来组合各种优化器的结果，最简单的一种是获得最高或最低值以及相应的组合情况。也就是说，找到性能表现最好的优化器输出。对于产生结果非常相似但又不同组合的各种优化器来说，还可以取这些解决方案的平均值（如使用中值度量），然后计算该平均值的相应适应度分数，最终结果甚至可能比单个优化器的任何输出都要好。

除了这些简单的启发式方法之外，还可以使用一些更复杂的方法，如利用优化器来找出各优化器的最佳参数值，就像有人在数据模型超参数优化场景中所做的那样。这可能更耗时且占用大量资源，但在某些情况下，作为一种策略可能是值得的。此外，还可以使用另一种启发式方法来确定如何划分搜索空间，以最优化集成中各种优化器的并行搜索。

无论策略如何，都要有一组好的多维随机数作为初始解决方案，这在涉及连续变量的情况下特别有用。想出这样一组有机多样的随机解并不容易，因为现成的库中常规的随机性相关函数可能还不够好，尽管对于其他应用程序的运行来说已经足够了。

12.4　重要注意事项

最优化集成目前还不是主流，其原因与其产生的各种问题有关。对于初学者来说，类似于数据模型的集成，集成中包含功能组件很重要。在将每个优化器用作整体中的一个节点之前，需确保每个优化器都能很好地解决问题，否则，将浪费时间和计算资源，有时还会转化为高昂的经济成本。

此外，需确保充分利用并行性来优化集成的性能。这样，每个优化器将在单独的 CPU 线程或完全不同的机器上工作，从而使集成的效率更高。如果不熟悉并行性，需从 Distributed 包开始，它是 Julia 基础库的一部分，无须额外安装任何东西。可以在此网址阅读更多关于它的内容（https：//docs. julialang. org/en/v1/stdlib/Distributed）。此外，还可以在 *AI for Data Science* 一书中看到最优化集成的并行性示例。

最好记住，整体集成业务是优化领域的一片新天地，使用一些现成的优化库要容易得多。然而，这种心态创意不足，有时可能不会产生预期的结果，即使它在短期内可以节省时间。

进一步说，虽然最优化与人工智能密切相关，但后者并不是前者的先决条件。在不了解现代人工智能算法和系统的来龙去脉的情况下，也可以成为一名出色的优化专家。事实上，最好的情况就是独立开展研究优化，因为在**反向传播**和**人工神经网络**中使用的其他类似算法诱惑非常大，可是这些算法对于不同领域问题的优化效果参差不齐。就像现代数据模型不依赖于统计一样，最优化方法也不依赖于人工智能。这不禁让人想知道，如果把最优化应用于数据科学的其他领域，还有什么可能性。

总而言之，启发式方法可能对最优化集成非常有用，但它们不是唯一的选择。因此，如果有一个优化器或一个基本的混合优化系统，可以用它们充分解决手头的问题，就应该坚持使用它，至少目前是如此。

12.5　小结

我们探讨了最优化集成，以及它们和数据模型集成的相似点，但相比起来最优化集成更深奥一些。然而，它们可以成为一个好工具，以解决特别具有挑战性的问题。我们探讨了并行性如何成为优化集成有用且强大的策略。我们看到只要任何一个节点处于活动状态，最优化集成就会运行。因此，你可以为每个分类器添加一个终止条件（启发式），以便在适应度函数的改进低于预定义阈值时，不会继续其过程。我们研究了启发式方法在这些集合中的作用以及它们的重要性，即使它们通常相对简单。除了用于终止优化过程的启发式方法外，还有其他方法，如用于计算优化器集成输出的启发式方法。最后，我们回顾了一些重要注意事项。

在接下来的几章中，我们将研究如何构建新的启发式方法，将研究启发式的关键特征，以及如何通过 Julia 语言将想法转化为可以在计算机上运行的程序。

4

设计和实施新的启发式方法

虽然围绕启发式方法、行为阻断等技术取得了巨大进展，但技术只是解决问题方法的一部分，更重要的是落实正确的流程。

约翰·W.汤普森（John W. Thompson）

13

第 13 章

启发式方法的目标和功能

13.1 启发式方法的目标和功能概述

正如在生活中一样，启发式方法有两点最重要：一是要去哪里，二是如何到达那里。在技术术语中，将这些内容转化为启发式方法的目标和功能，启发式方法往往与其他基于数据的方法共享框架，包括大多数的数据模型。当然，我们不会凭空去创建一个启发式方法，然后再考虑它的目标和功能，除非你是这方面的天才。启发式方法是激发创造力的工具，而市面上的工具都是程式化的。我们不要忘记，达·芬奇是一位工程师、艺术家，同时他也是科学家，甚至还有许多其他身份，是跨界的特质相结合才激发了达·芬奇的创造力。

此外，启发式方法存在的用途不仅仅是为了好玩。如果想要利用数学和编程来做有趣的事情，我们可以尝试在 Project Euler[⊖]或 Code Abbey[⊖]上应对各种挑战，这无疑是磨炼你解决问题能力的好主意。相反，我们一般是通过目标来定义启发式方法的用途，这些通常不会在

⊖ Project Euler 是一个数学和计算机科学挑战平台。
⊖ Code Abbey 是一个编程挑战平台。

文档中体现。启发式方法的功能源于我们所掌握的目标和手段。如果你对技术语言掌握不多（如数学和一些不错的编程语言），那么启发式方法只是一个可以给人以启迪的工具。

> 当你将一个想法具象为可以让工程师能够理解并能实现时，它就变成了另外一种东西，就好比建筑师的精妙设计最终却变成了为人们遮风挡雨的建筑物一样。因此，你需要亲自动手去实践。

本章深入探讨了启发式方法的目标，以及如何定义和理解它们，甚至将它们分解为更简单和更可行的小目标来帮助理解。然后讨论了这些启发式方法的功能，以及如何在实践中实现这些目标。这是整个过程中最有创造力和最具挑战性的部分。当然，在没有提到关于目标和功能优化方面的一些话题之前，讨论所有这些是没有意义的，我们接下来将介绍这些内容。本章总结了关于启发式方法目标和功能的一些重要注意事项，以便读者可以获得更全面的视角。本章没有提供示例代码，但是，使用纸和笔，或者根据你的喜好使用白板和记号笔，探索一些想法，从概念层面解决问题，也是值得尝试的。

13.2　定义启发式方法的目标

西蒙·西尼克（Simon Sinek）有句名言——"从为什么开始"，这句话在各类科技公司中的众多演讲中都有用到。他的想法非常有道理，因为他在为各种高层次问题提供咨询的公司工作，服务对象至少有几家还是大型科技公司。正如著名德国哲学家尼采所说，"一个人知道自己为什么而活，就可以忍受任何一种生活"，因此我们可以得出结论，对于一个项目而言，尤其是在其开始阶段，了解清楚"为什么"非常重要。

当作者开始在数据分析领域进行模式识别（也称为分类）工作时，我想知道某些数据点是否容易进行分类。那时候还没有数据科学这一概念，不过我们已经有了计算机，所以也不算太久之前。更进一步，作者想知道整个数据集或变量子集是否容易分类。这就是作者开发启发式方法的目标，更准确地说是一组目标，它被称为区分度指数（ID）。当然，作者做的不仅仅是这些，但这正是推动在接下来的几年中开发相应脚本的动力，最初是在 MATLAB 中，接着是在 Octave 中，然后作者将所有内容又迁移到了 R、Python 和 Julia 中。如果没有明确定义的目标，以及没有一位不太热衷于统计学的导师，作者永远不会在博士研究中走上这条路。

在机器学习的研究中，想法只能起到一定的作用，必须伴随着代码的实现。在理论更容易发挥基础作用的领域，如统计学，想法可能有一定的用处，但在以工程思维为基础的实践领域，光有想法是不够的。

因此，如果想使用新的启发式方法做一些工作，需要为自己的想法确定一个明确的目标。即使某些统计方法或指标可以做同样的事情，启发式的数据驱动方法也是值得追求的替代方案，尤其是对编程不会感到气馁的时候。虽然，第一个版本的方法可能有些不切实际，如不具备扩展性，但这是朝着正确方向迈出的关键一步。回顾 ID 启发式方法的第一个版本，作者情不自禁地会因其低效和有限的扩展性而难为情。尽管如此，它还是为其他更具可扩展性和实用性的版本铺平了道路。因此，如果你正在开发一种新的启发式方法，请尝试考虑以下内容来衡量其目标。

1）它试图解决什么问题，或者至少能解决什么问题？

2）它是否对其他方法或系统有用？

3）它将使用什么类型的数据？

4）是否有人做过类似的事情，是否需要参考一下？

在这个阶段，不要担心使用哪种编程语言或该语言的哪些库将发挥作用。相反，首先要想清楚这种启发式方法的用途，然后专注于它的功能。

13.3　确定启发式方法的功能

我们需要在头脑中清晰地理解启发式方法是如何运作的，以使一个从未听说过我们想法的人可以接受我们的规范并编写一个能完美表达该想法的程序（最好用 Julia 编程），来满足启发式方法的所有目标。如果每个人都能如此，就不需要为生产中出现的任何问题作故障排除。当然，这对数据科学家也有好处，因为我们不必花太多时间修复启发式方法和模型的问题。相反，我们只需按照开始的预想去处理数据并传达我们的发现。

对于启发式方法的功能，我们需要设计一种高效可靠的算法来实现它。这个过程可能不是只有唯一的选择，因此创造力在这一努力中起着重要作用。毕竟，任何了解算法设计的人都可以拼凑出一种算法来实现某个想法。但是，如果该算法的复杂度为 $O(n^2)$ 或更高，那么最好不要使用它。此外，如果它的运行需要处理大量数据，那也不是一个好兆头。启发式算法应该足够简单，任何数据专业人员都可以理解它，并且足够优雅，可以扩展。

有时，一步步实现多个小目标可能更容易。例如，假设有个单一的目标需要解决，那么这个启发式方法要么非常基础（简单甚至是开创性的），要么这个目标可以分解为更小的多个目标，可以逐一解决。需要注意的是，仅仅因为我们可以使用非常简单的算法来实现一个启发式方法，并不意味着这就是最好的方法。这个解决方案可能只是所有解决方案中的一个局部最优解。这就是为什么与数据模型不同，启发式方法可能需要持续地审查回顾，不断进化。那些停滞不前的方法迟早会过时。

因此，如果正在开发一种新的启发式方法，尝试回答以下问题，以了解其功能。

1）目标是否尽可能简单？

2）如何以最简单的方式实现目标 A？

3）通过这种启发式方法实现，我们做出了什么假设？

4）实现这种启发式方法，能否不做或少做假设？

5）如何扩展启发式方法的功能以涵盖其他情况，如更高维度的数据？

6）如果必须将此启发式方法应用于一个大数据项目，它会如何扩展？

7）这个启发式方法是否可以并行实现？

需要注意的是，即使没有回答上述所有问题，也仍然比根本不问要好。了解启发式方法的局限性，是你可以利用它来进行后续改进的一个基础。

13.4 优化启发式方法的目标和功能

当然，无论我们如何努力，第一版启发式算法很可能还需要改进。我们通常会想到前几章中讨论的优化规范。不幸的是，前面讨论的方法在这里对我们帮助不大。尽管如此，令我们感到宽慰的是，即使是利用数字思维表达问题都不是一件简单的事情。

我们不应满足于启发式算法的第一版，这一版往往很糟糕、甚至不切实际。第一个版本的目的是验证概念，只要它产生有意义的结果，并通过了我们提出的所有单元测试（如果我们更注重软件工程），那就是成功的。但在此之后，我们需要确保它相对高效且易于理解。毕竟，如果有其他人使用它，需要确保在其身上花费时间和算力是值得的。

优化启发式方法的目标涉及确保其范围准确，尝试用其做过多的事情是不切实际的，因为即使只做一个非常小众的事情同样也会很糟糕。启发式方法可以追求多个目标，但这些应该是一个主要目标的扩展。例如，ID 启发式具有一个明确的目标，如衡量数据集中类的可辨别或差异程度，但可以在特征和点的层面进行扩展。因此，它不仅可以将数据集作为一个整体进行分析（统计测试就可以轻松做到这一点），而且还提供了某些其他指标无法媲美的颗粒度。

启发式方法功能的优化工作，还包括确保它执行任务的时间不会太久。例如，作者的博士论文展示了 ID 启发式算法的更高效版本。自那以后，又有了更好的版本（至少在功能方面更好了）。有时仅仅改变算法实现的编程语言就可以产生很大的差异，Julia 的平均运行速度比 Python 快 10 倍，比 MATLAB 快更多。

　　如果统计学遵循同样的方法改进，在大学和各种数据科学课程中教授的内容可能就过时了。相反，统计学研究人员很高兴为语料库添加更多的方法和指标，因为很少有人敢以有意义的方式挑战现有方法。而面向启发式的研究人员不会有任何顾忌，因为他们知道启发式只是一种工具。当你开始认为启发式方法无法再改进时，就应该考虑将那些限制因素包含在其文档中。这就是各种科学研究项目中都有"未来工作"部分的原因之一。没有任何科学理论是不可证伪的，通过科学方法开发（工程化）出来的各种方法和指标同样如此，比如启发式方法。

13.5　重要注意事项

　　让我们来看一下关于启发式方法目标和功能的几个重要注意事项。首先，除非它具有明确的目标并且实现得很好，否则没有什么方法是好的。此外，如果你还没有厘清启发式方法的目标，并在某种程度上对其进行优化，那么它的功能可能会受到影响。因此，最好明确启发式方法试图做什么，并专注于使其只做到这一点。启发式方法试图使我们的问题解决得更容易，并可能帮助我们以数据驱动模式开发新的和更好的数据处理方式。

　　此外，对于追求从多个角度解决问题的复杂启发式方法，最好探索并行处理的选项。即使启发式方法在单台计算机上运行良好，仍可以应用多线程技术在给定时间内产生更好的结果。然而，并非所有启发式方法都需要这样做，有时，拥有一个复杂度低的巧妙算法就足够了。

　　此外，想要在一个启发式方法中实现一个更宏大的想法，可能最好的替代方案是使用两个甚至三个不同的启发式方法进行组合。这将提供更好的多功能性，相比而言简单的启发式方法具有更多的优化潜力。启发式方法并不是完整的系统。例如，作者开发的 UCA⊖降维方法使用了至少两个不同的启发式算法，并且产生比 PCA 更好的结果。同时，保证其构建的元特征之间线性或非线性关系的独立性。

最后，就像启发式领域中的任何其他事物一样，启发式方法的目标和功能处于不断变化的状态。因此，在开发新的启发式方法时，最好将它们作为强有力的建议而不是绝对的限制。在开发的后期阶段，对文档的要求会变得更加严格。适度规范和限制也是必不可少的，这样方便其他人能够更好地理解这些方法并可能对其进行改进。

13.6　小结

我们讨论了启发式方法的目标和功能。目标旨在让用户了解启发式方法的预期功能，而功能旨在人们以高效的方式去实现它。此外，首先定义目标是必要的，因为它们可以指导整个开发过程。如果没有明确的目标，启发式方法的范围就会模糊，即便可行，实现起来也很棘手。此外，良好的功能使启发式方法能够很好地扩展，并且容易添加到任何数据管道中。我们探讨了优化启发式方法的目标和功能的重要性，这通常是一个好方法和一个从未应用于解决现实问题方法的区别。最后，我们讨论了启发式方法开发过程中的一些重要注意事项。

第 14 章将会探讨度量启发式的参数、输出和可用性。

⊖　Uncorrelated Components Analysis。

14

度量启发式的参数、输出和可用性

14.1　度量启发式的参数、输出和可用性概述

本章标题听起来很拗口，但它是第 13 章逻辑上的继续，我们现在要更深入了解启发式方法的本质。毕竟，如何定义启发式的功能？在设计和实现新的度量启发式时，如何应用这种功能？我们将回答这些问题，并探讨如何整合这些方法，同时将该过程形成工作流。本章没有示例代码，我们将在第 16 章进行实践，在 16 章之前可以将你的想法和概念整理在纸上。在过去的几年中，作者通过在平板计算机和笔记本上草拟图表和公式设计了大部分启发式方法。

本章定义了度量启发式的参数和输出，以及它们如何与我们之前介绍的目标和功能方面相结合。然后，将探讨如何确定度量启发式的可用性和适用范围。接下来，将关注在可用性方面进行优化，并回顾一些有关整个主题的重要注意事项。本章，将主要聚焦于度量启发式，在第 15 章中，将介绍更复杂的启发式方法。

14.2 定义度量启发式的参数和输出

在开始探索度量启发式这个主题时，一定要定义清楚计划创建方法的参数和输出。输入输出这些相关内容可以清楚地展现启发式方法的功能。如果你正在进行此类编程，也可以将启发式方法显现为类。我们首先从输出开始，这对最终用户来说是最重要的。它们通常是与启发式目标相关的一个或多个变量。如果目标清晰明确，输出定义就应该简单明了。如果清楚这一点，应该能够预测涉及的变量类型，并让 Julia 语言知道，以便以后测试该功能的人更容易理解。虽然从编程的角度来说不是必要的，但它可以节省你在调试阶段的时间。

一旦弄清楚了输出，即使还没有确定它们的类型，也可以继续查看功能的输入，即参数。参数的产生关系到以下两个方面。

1）**数据相关**。这涉及启发式方法将处理的数据。它可以是普通变量、向量、矩阵，甚至是张量，所有有意义的数据都可以作为数据相关的输入。

2）**方法相关**。这些与方法内部运作有关。例如，各种与度量距离相关的参数、允差的因子，当然，还有任何与效率优化相关的内容。为所有这些参数设置有意义的默认值是一种很好的实践，可以让最终用户及希望深入了解并可能对其进行调整的人使用起来更加容易。

同样重要的是，一定要在功能函数的代码中创建这些参数的简短描述，可以作为注释插入代码中，甚至直接写在函数开头的介绍中。在 Julia 语言中，注释是位于定义函数前的多行文本，包含在三重双引号之内，如图 14.1 所示。

```
"""
    IsBinary(x)

Checks to see if a feature `x` is actually binary, even if it's coded as a Float,
and even if it's been normalized
"""
IsBinary(x::Array{Float64, 1}) = range(x) == 1 && length(unique(x)) == 2
```

图 14.1 描述功能的注释示例（这是完善启发式方法非常有用的一个特性）

在这个简单的例子中，函数 IsBinary( ) 的输出结果已非常明显。但是，如果需要更明确地表示它，可以在函数的第一个等号之前右括号之后添加 ":: Bool"。注意，这些操作不是函数运行所必需的，因为 Julia 语言对类型的要求并不严格。然而，使用强类型代码可提高透明度，并消除各种可能同名函数之间的歧义，这种情况在 Julia 语言中相当普遍。养成这种编码习惯可以节省很多时间，特别是当功能函数越来越加复杂时（至少在 Julia 语言中是这样的）。

14.3　确定度量启发式的可用性和范围

现在继续我们的旅程，查看创建度量启发式的可用性和范围方面的内容。让我们从适用范围开始，尽管可用性和范围都与启发式的功能相关联，但范围更接近于启发式目标的视角。我们应该始终谨记目标，因为它们推动了启发式的发展。否则，很容易被带偏，没完没了地进行沙箱测试。

启发式的适用范围是其各种用例的集合。这体现在其参数之中，某种程度上还体现在其输出中，在某种意义上可能还更抽象。我们需要知道启发式是否适用于大型数据集，如有许多行或列的情况。许多启发式算法在较小的数据集上运行得很好，但当升维后就无法正常发挥了。尽管 PCA 在技术上不属于启发式方法，但它是一个典型的例子。因此，在开发启发式方法时，我们需要想清楚，针对它能够和应该处理的使用案例对其进行优化。之后，我们可以尝试通过应用各种优化和巧妙的调整来扩展其适用范围。然而，在创建阶段，我们需要关注相对较小且可管控的范围，就像初创企业在开发产品线之前首先专注于最小可行产品（MVP）一样。Pearson 相关性指标就是一个反面案例，其过度依赖于统计指标的众多假设，不过它不是启发式的。

启发式方法的可用性与其适用范围密切相关。它涉及启发式的实用性以及用户如何感知并利用它。你可能拥有世界上最好的启发式方法，但如果忽略了它的可用性，注定会无人知晓，甚至可能被摒弃，这是对精力和时间的浪费。所以在开发启发式方法或任何其他程序时，可用性都非常重要。

实际上，可用性意味着干净的代码，比如适当的缩进、直观的变量名、有意义的注释、结构正确的方法和函数等。一个好的、以人为本的、可用性强的代码具有这样的特点。想象一份很久以前不知道为什么编写的代码，需要回忆理解它，如果可以相对容易地看懂，那就意味着代码相对干净。

好的文档对于启发式的可用性和范围也非常重要。正如我们之前提到的，在相应函数的开头写一个简短介绍不需要花费太多时间。如果启发式方法开始流行并为更多的受众所接受，请确保提供良好的在线文档，可以放在基于 Git 的代码库（如 Bitbucket）上。当然，只要代码写得好，并且包含让新手很容易上手的示例，把代码文档放在哪里无关紧要。

14.4 优化度量启发式的可用性

了解了可用性取决于其功能的可扩展性和其他因素之后，我们需要知道如何对其进行优化。此外，度量启发式（或任何其他启发式）需要让人轻松，特别是在处理具有挑战性问题时，如给定现象的量化或测量变量等。

优化启发式及其功能的关键策略之一是开发一系列场景（用例）来测试启发式。这可能是一个基准数据集，例如，我们在示例代码中使用的"葡萄酒质量（Wines Quality）"确保在数据集上执行各种测试用例，并尝试突破其限制。这个过程类似于大多数软件工程师熟悉的单元测试过程，但它更进一步，因为我们把效率测试也包括在内了。

另外，还可以进行 Beta 测试，看看其他人如何看待它，特别是那些有数据科学或人工智能方面专业背景的人。让他们尝试使用来解决问题，并听取他们的反馈意见，很可能它是一个在扩展性方面表现不佳的方法。利用 Beta 测试人员提供的信息，就可以从某个点开始改进它。当然，在某些情况下，在进行 Beta 测试之前签署保密协议是明智的，以确保你的想法不被侵权。话又说回来，这取决于所涉及算法的复杂程度和商业价值。

此外，当这个启发式方法已经存在一段时间，而你已经忘记了其实现的细节时，可以考虑重新构建它。这听起来有些自虐和浪费，但是以新的方式实现同样的想法可能会产生一个更好的解决方案。也许最初的实现是你当时能做到的最佳版本，但是你可能从那时就已经进步了。如果你的新实现没有任何改进，并且你已经进步了，那也表明它应是一个可靠的实现。

最后，你可以邀请其他人帮助完善启发式方法并提高其可用性。他们可能会给你一些提高效率的建议，或者如果他们足够熟练和慷慨，你甚至可以邀请他们帮忙做出这些改进。你可以在免费版的 BitBucket 上邀请最多 5 个人，如果发现更多人愿意加入你的启发式编程工作，可以随时升级。如果愿意的话，你甚至可以将代码放在公共存储库中。

14.5　重要注意事项

启发式方法的某些方面并不是那么简单明了，因此在将其付诸实践之前，必须考虑到这些方面的细节。例如，最好从尽可能少的参数（和输出）开始，并为手头的启发式方法构建等效的 MVP。之后，可以随时添加更多参数使其更加通用和实用。然而，从一开始就尝试这样做可能会使整个过程过于具有挑战性。

还有，在了解度量启发式的工作原理以及如何在典型问题中利用它之前，拥有一些示例非常有用，详细的文档可以大大提高其可用性和实用性。

此外，最好对现有的启发式方法的依赖关系保持透明。一旦开始创建自己的启发式库，某些脚本将变得司空见惯和无处不在，即一旦开始编写新脚本，你可能会发现开始高频使用 include 命令。注意，新的度量指标会引用这些脚本，因此请确保它们位于同一文件夹或文件夹结构中的某个父/子文件夹中。

最后，随着编程语言的发展，需要确保脚本与之保持兼容。对于度量启发式而言，这尤为重要，因为它们肯定会成为其他程序的一部分，如果启发式脚本不能正常工作，这些程序将会崩溃。因此，务必在新语言版本出现时对它们进行回归测试。

就范围而言，了解其局限性并将其写在文档中非常重要。一旦深入研究启发式方法，你将意识到在测量数据和变量关系方面，远比统计专家所断言的情况要复杂得多。也许统计数据只是为了告诉我们线性视角的局限性，并敦促我们克服这些局限性。其中一种方法就是开发和使用启发式方法，特别是一些新颖的方法。毕竟，清楚了解某事物的范围后，最容易实现的成果之一就是尽可能扩大它。

最后，重要的要记住，当你开发一个新的度量启发式时，这样做的目的是为了帮助用户解决某些类型的数据相关问题，而不是为了发表论文、炫耀你有多聪明或熟练的编程。对于那些欣赏你作品的人来说，这些迟早会被发现。

14.6 小结

从设计师的角度来看，我们研究了度量启发式的参数、输出和可用性。与任何其他启发式方法一样，度量启发式需要具有明确定义的参数（输入）、输出和可用性（范围）。我们看到首先要定义启发式的输出，因为它与其目标密切相关。然后，可以定义其输入，这通常涉及两个方面：数据和方法。数据相关的输入涉及需要处理的数据，而方法相关的输入涉及启发式本身的内部运作。

此外，我们讨论了度量启发式的可用性和适用范围，这与其功能有关，尽管范围也与其目标相关。可用性涉及最终用户如何看待和使用它，范围涉及启发式可应用的用例集合。我们研究了如何优化度量启发式的可用性，以使其对最终用户更加易于访问和有用。最后，我们研究了使用度量启发式需要考虑的一些重要注意事项。

下一章，我们将研究一些与方法相关的启发式及其参数、输出和可用性等主题。

第 15 章

15

方法启发式的参数、输出和可用性

15.1　方法启发式的参数、输出和可用性概述

　　首先，我们将定义与方法相关的启发式的参数和输出，然后，确定其可用性和范围。接着，我们将优化这种启发式的可用性，它们通常存在改进空间，特别是在一些使用复杂算法的情况下。最后，我们将深入探讨与方法相关的启发式参数、输出、可用性及其他一些重要注意事项。

15.2　定义方法启发式的参数和输出

　　方法相关的启发式比度量启发式更复杂。这并不是说这种启发式需要更高级的数据结构（尽管情况可能确实如此），而是它们有更多的活动部件和更多的东西可以微调算法。此外，

由于这些方法在计算各种变量时会遇到很多麻烦，因此其输出必然也会成倍增加。

就像在度量启发式的情况下，在使用 Julia 语言编写方法时，对输入甚至输出采用强类型检查是一个好主意。一些 Julia 语言程序员可能会告诉你，这个要求没有必要，而且可能大多数情况确实如此。但是，如果使用多重分派（该编程语言的关键高级特性之一），定义了每个函数的输入类型，事情就会变得很简单。这样，就可以将其与同名的其他函数区分开来。当然，为了避免所有这些麻烦，还可以为原始函数的这些变体创建新名称。至少在 Julia 这种编程语言中有这样的选择，这是其他高级语言所没有的。

Julia 脚本中，可以在分号后包含一些专用参数，例如，任何与距离相关的距离度量，可以把它们设置为可选参数。这样做的缺点是引用时必须输入参数的名称，以便让 Julia 语言调用相应函数时明确知道引用的输入。如果这种做法过于深奥，那么尽量避免使用这种做法。但最好记住这一点，它可以为未来采用新的启发式方法迭代工作提供一种选择。

如果有很多输出，那么定义输出会更具挑战性。最好将最重要的输出放在前面，以便用户在使用启发式脚本时，可以更容易地将它们区别对待。好的输出应该是用户在处理问题时，在其他地方用得上的变量。否则，过多的输出可能会令人困惑，并损害启发式的功能。

15.3 确定方法启发式的可用性和应用范围

现在，让我们继续研究方法启发式开发应关注的可用性和应用范围。应用范围很重要，它有助于定义方法启发式适宜处理的场景类型。方法启发式相比度量启发式更复杂，使得人们很容易相信它可以处理更多的场景。其实通常情况并非如此，在设计方法启发式时提前了解这一点很重要。

这方面的一个例子是**层次聚类**算法，这是一种优秀的数据驱动启发式算法，可以自下而上地进行分组。当了解到其采用集群理论，以及其巧妙的构思时，很难不为它们感到激动。

然而，很少有人在实践中使用它们，因为它们很难扩展，而 K-means 聚类启发式算法（特别是 K-Means++）速度更快且通用性更好，尽管它们存在每次运行时无法产生相同结果的缺点。因此，无论支持它的算法多么精巧，**层次聚类**的应用范围都是有限的。

辨别力指数也有应用范围问题。它在可扩展性方面存在很多争议，解决这些问题的最佳方法是从头开始重新设计启发式算法（这是笔者在后来的版本中所做的）。因此，方法启发式的应用范围非常重要，也许最好由其他了解该主题的专家或在开启后续工作后回头再来评估也不迟，不要太执着于眼前。

至于方法启发式的可用性，类似于度量启发式。毕竟，在各种场景中测试启发式方法也适用于此，只是用例的数量肯定会更多。此外，许多方法启发式既适用于单维度数据，也适用于多维数据。仅仅因为方法启发式在单维度数据下效果很好，并不意味着它在多维度数据时也能表现良好，甚至可能根本没法用。因此，将所有这些内容都放在方法启发式的文档中，可以极大地帮助其提高可用性。

此外，在实现方法启发式时，探索并行性的可能性通常是有意义的，并且值得在启发式的实施阶段进行研究。由于这种情况会导致方法启发式更复杂，必然有一些独立的进程，如可以通过多线程或计算机集群阵列来并行执行。

最后，为更复杂的方法启发式创建完善的文档意义重大。一篇包含几个示例的文章可以使最终用户更容易理解，同时也增加了启发式方法的可用性。

15.4　优化方法启发式的可用性

当然，方法启发式的可用性也需要优化。然而，相比优化度量启发式的可用性，这是一个更复杂的过程。此外，方法启发式旨在让人们的生活更轻松，尤其是当其他替代方案失败或不适用的时候。那么，为什么不尝试优化方法启发式的可用性来让事情变得更简单呢？

一般来说，就像在度量启发式中一样，在开发方法启发式时，最好从小处着手逐步建立起来。也许，开始时可以在方法中使用一些预定义的值（常量）。稍后，可以使用一个参数来代替这些常量，从而使方法更加灵活。常量本身仍然可以保留在脚本中，但它们的用途可能会有所不同。为一个简单的方法设置大量参数似乎有些矫枉过正，但有些方法可能会确有所需。毕竟，在处理多维空间时，动态变化相当大。这就是为什么要考虑不同的距离度量方法而不仅仅是欧几里得或曼哈顿距离，因为这些距离在高维度中并不是那么好用。其他事物也是如此，比如密度和几何形状，尤其是球体，它在高维空间中是出了名的奇特。

此外，与启发式度量一样，Beta 测试对于探索方法启发式的可用性和扩展性非常有用。这里的不同之处在于，作为一种更复杂的工具，其需要更广泛的测试。此外，性能也是一个因素，不同类型的数据可能会使启发式算法执行速度变慢或失效。此外，可能会出现令人讨厌的 NaN，这表明某个特定场景没有得到妥善处理。当然，如果希望你的方法启发式对更多人有用，那就不应有这些问题，因为大多数人可能不愿意或没有能力调整你的脚本以确保它有效。

对于方法启发式，另一个好的优化策略是将其分支到不同版本，专门用于处理特定的数据类型。Julia 语言的多重分派功能在这方面可能非常有用。当然，所有这些可能也会限制启发式方法的范围，但事实并非如此。你只需使用一系列专门的功能函数来逐个解决小众场景，就像优化集成在其领域中所做的那样。最终用户不会关心结果是如何产生的，而且 Julia 社区非常喜欢这种语言脚本中的多重分派方法。"分而治之"是个创造性的应用策略，在编程中非常流行。

此外，可以探索专门的软件包，看看是否可以优化启发式算法的某些过程。例如，作者一直在使用距离矩阵和**最近邻算法**计算数据点的邻域，不过存在严重的性能隐患。该策略和其实施没有任何问题，只是效率非常低。不幸的是，由于作者主要与那些也不太了解情况的人打交道，变得自满并认为自己正在采用最先进的技术。幸运的是，有一天作者发现了 K 维树（K-Dimensional Trees），并得知 Julia 开发人员已经开发了一个包，所以作者不再需要开发自己的包。从那时起，作者开始将那个包用于编写所有与社区相关的脚本（在第 16 章中，读者将有机会亲身体验该脚本）。总而言之，面对有效处理流程存在更好可能性的方法，要时刻持开放态度，可以在优化依赖于该流程的方法启发式方面发挥很大作用。

方法启发式的最终优化是遵循指导策略的。不仅要接受更了解这些主题专家的指导，还可以亲自指导他人。有时，当试图解释某件事时，你得学得更明白，并深入到事先没有考虑到的深度才行。当然，当你处于指导关系的接受方时，更容易获得这种好处。最好把精力集中在那些有一定经验，并且重视自己时间的导师身上，甚至可以为之付费。

15.5　重要注意事项

现在，让我们回顾一下方法启发式的参数、输出和可用性等一些重要注意事项。首先，在测试方法启发式时，最好利用不同的数据集，尤其是与真实世界相似的数据集。否则，你最终只会得到一些可以很好地处理合成数据（通常是随机的）的东西而已。此外，真实世界的场景可能具有值得探索的特性，这些小众案例可能会打破已有的方法启发式。毕竟，我们需要处理任何给定的数据，而不仅仅是遵循特定分布的数据。

此外，最好清楚了解方法启发式试图解决的问题。充分理解所涉及的挑战，可以帮助你更好地设计它，同样重要的是，以一种有助于用户从中获得价值的方式呈现它。这种态度反映在你如何定义启发式方法的参数和输出中。启发式方法的创建和优化很有趣，但它们不是目的。

一些启发式方法作为库的一部分与其他启发式方法一起工作。最好尽早弄清楚这一点，以便可以相应地设计它们的输出。启发式方法的其他方面亦是如此，如它们的范围。设计了这样的启发式方法库后，作者可以证明，创建这样一个相互关联和相互依赖的函数集合，表达各种启发式思想，是一项艰巨的工程。因此，在开始这样的旅程之前，需确保你首先掌握了每个独立的启发式方法。

方法启发式可以快速演变得非常复杂，因为它们更像是中等规模的功能而不是小巧的度量启发式。所以，最好记住少即是多，保持这些功能的精简可以在以后为我们省去很多麻烦。同时，如果它们是一段易于理解的脚本，而不是情节复杂的小说，用户更可能愿意使用。

最后，有时你会把太多的功能打包在一个方法启发式中，当准备这样做时，想一想 KISS 原则。将一个启发式方法分解为两个或多个有意义的功能（子启发式方法?）是可行的。这可能会产生一整套启发式方法的脚本，在开发新东西时经常会出现这种情况。这不一定是一个程序库，但它最终可能会成长为一个程序库。将工作中使用的辅助功能与主功能分开也是一个很好的实践，这样脚本中的代码更易于理解和维护。

15.6 小结

我们讨论了方法启发式的参数、输出和可用性，以及方法启发式的所有不同方面如何组合在一起来表达其目标和功能。我们研究了方法启发式的参数，如何使其更加灵活并提高其可用性。输出具有同样的问题，包含太多输出可能会产生相反的效果。此外，我们还研究了方法启发式相关的可用性和应用范围涉及的因素。进一步，我们还看到了方法启发式如何优化参数和输出等。例如，包括一些高级包可以大大提高方法启发式的效率，并使其比你想象的更具可扩展性。最后，我们研究了关于此主题的一些重要注意事项。

接下来，我们将应用在过去 3 章中学到的理论知识，并将专注于两种启发式：一种是与度量指标相关的，另一种是与方法相关的。当然，这只是我们启发式开发之旅的开始，之后你可以着手创建自己的启发式方法了。

16

开发和优化启发式方法

16.1 开发新启发式方法的过程概述

至此，我们已经知道如何根据一个想法来组合启发式方法。讨论完理论知识，是我们开始在计算机上实现想法的先决条件。正如亚伯拉罕·林肯（Abraham Lincoln）曾经说过的："给我六个小时来砍一棵树，我会花前四个小时来磨斧头。"希望在过去的 3 章中已经磨砺了你的隐喻之斧，现在你可以把它付诸实践了。

我们通过两个具体示例，从概念转向实践来深入探讨：一个是度量启发式，另一个是方法启发式。我们还将研究开发新启发式方法的一些重要注意事项。本章附带示例代码，但在阅读整个章节并自行尝试某些内容之前，最好先不要看示例代码。同时，熟悉一下图 16.1 所示的启发式方法的关键方面及其关系。

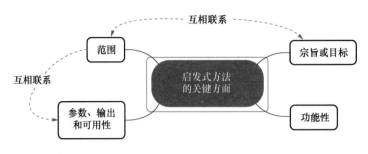

图 16.1　启发式方法的关键方面及其关系

16.2　定义新启发式方法的目标和功能

16.2.1　概述

当我们把想法从蓝图转移到 Julia 代码开发再到测试时，首先研究一种衡量多样性的启发式方法，以及一种衡量数据点独特性的启发式方法。作者在 2019 年的博客中讨论了第一个。至于独特性指数启发式方法，是作者在写这本书时想到的。这两种启发式都必须具有良好的扩展性。否则，它们的可用性将受到限制。

16.2.2　一种衡量变量多样性的启发式方法

假设有一个连续变量，我们很好奇它的数据多样性如何。注意，不是有多分散，而是多样性。像标准差这样的度量可以很好地衡量分散性，而且表现很好，但这都是假设存在一个中心点可用于比较的基础上的。此外，分散的度量往往可以取任何正值（或在某些极端情况下取零值）。如果有一个度量值不关心中心点，且其取值介于 0 和 1 之间（含 0 和 1），是不是也很好？简而言之，这就是该启发式方法的作用。

如何做到这一点呢？要以可扩展的方式，而且不能有太多的计算。还有，它需要能够检测并考虑极端情况。将其输出值标准化为始终介于 0 和 1 之间，可能有助于实现这些目标。当然，如果存在这样的启发式方法，它就不可能是完美的，因此我们需要做好失败的准备。在阅读本章剩余部分之前，你能想象到这个方法可能会产生不相关结果吗？即当多样性很高时，其度量值反倒很低，反之亦然。

16.2.3　一种衡量数据点独特性的启发式方法

不得不承认，如果没有合适的场景，这种启发式的想法听起来很奇怪。但是，还记得可辨性指数吗？那种启发式方法一再证明非常好用，这种方法依赖于类似的想法。不过，关键区别在于 ID 需要一个目标变量，并且该变量务必是离散的，这样它才适用于使用分类方法进行处理。如果我们管理类似的数据集，但没有目标变量，该怎么办？各种类型问题都可能面对过这种情况，我们需要了解数据集是多么"有趣"。与多样性启发式非常相似，在更高的维度上，衡量独特性的启发式方法可以帮助衡量数据与预期的偏差。这一定会让你想起卡方检验⊖。然而，与优雅的统计方法不同，我们在这里研究的启发式不依赖于卡方分布或任何其他分布。还有，这种启发式方法也适用于连续变量，当然首先得对这些变量进行归一化处理，其原因将在以后会逐步说明。

但这种独特性指数方法如何实现呢？可以检查数据集的特定邻域，也许是每个数据点的邻域 (x)，并查看该部分数据集是否有异常。当然，我们需要定义"异常"的含义。最简单的操作也许可以猜测一点作为领域的中心。然后我们可以计算该中心点与邻域 (x) 实际中心的距离。尽管方法很方便，但距离值往往差异很大，因此我们可能希望以某种方式对其进行归一化化处理。因为新的中心点不可能超出邻域，其距离必定在 0 到 r 之间，故邻域的

⊖　卡方检验就是统计样本的实际观测值与理论推断值之间的偏离程度，实际观测值与理论推断值之间的偏离程度决定卡方值的大小。如果卡方值越大，二者偏差程度越大；反之，二者偏差程度越小；若两个值完全相等时，卡方值就为 0，表明观测值与理论值完全符合。

半径 (r) 可以是一个很好的归一化因子。

16.2.4　价值问题

所有这些方法可能都很好，但仍然没有回答"那又怎样"这个最重要的问题。毕竟，我们为什么要使用这个启发式方法，而不是使用分散性度量及核密度方法？对此的回答涉及两种启发式方法背后的理念，这是去中心化的概念。这在数据集领域至关重要，我们倾向于将大部分时间花在负责高级分析任务的数据专业人员身上。毕竟，没有理由认为某个点（如平均值）比任何其他数据点更重要。

此外，在评估时，为什么要让整个变量围绕某个不稳定的数据点旋转？如果我们无法根据单个中心值分析某个变量，那为什么一组变量（即数据集）都要围绕这个数据点旋转？

16.2.5　你的立身之地

理论上一切看起来都很好，但如何能把这些都写进代码中呢？这就是你的用武之地。可以在本章的任何时候开始研究这些想法，甚至现在就可以。你可以看到建议的解决方案，并得到一些想法来改进你的工作。本章的范例代码正是作者对这些启发式的处理方法。这些想法可能能有更好的实现方式，有待被发现和实现。

16.3　定义新启发式方法的参数、输出和可用性

现在让我们看看新启发式的参数、输出和可用性。注意，这只是前面提出想法的一种潜在实现方案。事实上，最好对任何与启发式方法相关的事物持怀疑态度，因为这些指标和方

法都是半成品。所以，如果你能想出更好的实现方式，我们可以互相学习。

16.3.1　多样性启发式的参数、输出和可用性

多样性启发式方法属于度量启发式，因此它是本章所提到的两种启发式中较简单的一种。它涉及取给定长度为 n 的单变量 x，计算所有点的所有距离，并找出它们与最大可能距离的比较。后者的计算公式为：$d_{max} = (x_{max} - x_{min})/(n-1)$。我们如何准确地利用它？我们可以取差值的中位数与最大差值（d_{max}）之差，将其除以 d_{max}，然后用 1 减去它。自然地，所有这些结果都是一个浮点数，它就是这个启发式方法的输出。

就其可用性而言，该多样性的算法完全可扩展且易于使用。我们可以像其他任何定义明确的度量指标一样，无须任何编程技能甚至理论知识就可以使用它。它输出一个介于 0 和 1（含）之间的数字，数字越大表示数据的多样性越大。

一个相当明显的例子是更均衡的采样（优化跨数据的各变量的多样性得分）。此外，它还可以应用于合成数据集的评估，以确保与原始数据的一致性。无论如何，多样性启发式的其他应用场景仍有待发掘。

16.3.2　独特性指数启发式的参数、输出和可用性

由于独特性指数启发式是一种适用于多维数据的启发式方法，因此比较复杂，它主要涉及以下两个任务。

1）计算出给定数据点 x 相对于给定数据集 X 的特殊程度。

2）计算出给定数据集 X 中每个点相对于数据集的其余部分的特殊程度。

在这两种情况下，这些数据结构都是相应函数的输入。然而，在第 2 种情况下，一个额

外的参数开始发挥作用，检查变量是否被规范化处理。毕竟，如果我们每次运行前都检查一次是没有必要的。所以最好事先将数据进行规范化处理，再让启发式方法直接运行，就不必担心这个问题了。无论如何，了解这个细节是件好事，因为规范化数据对于更平滑地计算距离至关重要。

上面两个任务的输出包括两个内容：IP 得分和所涉及邻域的中心点。对于第 2 个任务，该方法会产生一个额外的输出，即所有 IP 得分的中位数，以了解数据集的整体特殊程度。

该功能的可用性不言自明。它在后端使用 K-D 树实现了很好的扩展性。高 IP 得分意味着数据非常稀疏且可能形形色色（有点像多样性度量，但不完全相同），而低 IP 得分意味着数据或多或少是可预测的。这种与 EDA 相关的应用是迄今为止发现的唯一可行的应用程序，在数据摘要（Data Summarization）上使用这种启发式方法，取得了一些微不足道的成绩。

16.3.3 两种启发式方法的应用范围

通过分析两种方法的输入和输出，发现它们好像没有什么用武之地。毕竟，如果相应的函数编译通过，应该就没问题了，Julia 语言可能会给你开绿灯，但现实世界是一个更严格的评判员，必然会有更高的标准。

对于多样性启发式方法，应用范围（至少对于此版本）适合小规模数据集或具有许多不同值的数据集。如果检查的变量中至少有一半的值不是唯一的，则多样性启发式将产生零值。因此，要么在应用多样性之前对数据进行摘要或抽样，要么不要使用这种启发式方法。

至于 IP 启发式方法，其应用范围相对广一些。然而，也仅局限于矩阵，不适用于向量。尽管如此，你可以采用变通的方法（详见示例代码），但这并不总是一个好主意。即使 Julia 语言可以将向量视为矩阵，并使用 IP 启发式方法对其进行处理，结果也可能没有那么有用。毕竟，启发式方法的设计考虑的是多维数据，将其用于一维数据就大材小用了。

然而，范围并非是一成不变的。可以通过适当的调整来进行扩展，让这两种启发式方法应用的范围更广。那么，在这个过程中需要牺牲什么，这种牺牲值得吗？每当你考虑扩大启发式方法的范围时，要经常问自己这些问题。

16.4 重要注意事项

很少有事情会按部就班地进行。即使对启发式方法有一个清晰的概念，也可能无法转化为一段你所设想的启发式代码。因此，需要相应地管理你的期望。作者实施过的启发式方法，即使基于与其他成功想法相同的理念，至少还有两个没有成功。你无法预知一个好想法是否会很好地实现，而在构建新的启发式方法时，毅力和创造力都是必不可少的。更重要的是，即使你构建的方法有用且可扩展，也不应该停滞不前，要通过整个过程的进一步完善，来探索启发式方法中的其他潜力。

此外，在构建新的启发式方法时，需始终确保在完成后有其他人对其进行测试。另外，如果他们开始就喋喋不休地提出想法和改进，你也可能永远无法完成这个项目。过程中需要一群特殊的人来给你反馈，帮助你更好地构建它，并不是每个人都真的有资格和能力。好的导师很难找到，尤其是在数据驱动领域。

此外，相比已经存在一段时间的启发式方法，对新方法的判断是截然不同的。如果你为机器学习模型提出了一个新的性能指标，那么它的问题必然会受到重点监督，至少在开始时是这样的，需要进行彻底的测试。也许它只是对于涉及特定类型模型的特定用例来说才非常有用。

最后，创造力是逐步发展的，就像你拥有的各方面能力一样。所以，如果它还没有结出最好的果实，请不要放弃。相反，首先要欣赏那些好的启发式方法，并了解它们的工作原理，逐步来培养这种技能。

16.5　小结

我们探讨了一种新的启发式方法的产生过程，从它的目标和功能开始，深入到更详细的方方面面，如它的参数、输出和可用性等。我们还讨论了它的范围。我们研究了多样性和独特性的启发式方法，看它们如何衡量给定变量的多样性，以及数据集（多维数据）中数据点的独特性。它们适用于任何连续的数据。此外，我们还发现，这些启发式方法是将去中心化的核心思想应用于数据的一种表现形式。尽管它们从完全不同的角度进行了尝试，但它们的目标是在不使用任何中心点（如平均值）的情况下衡量数据的某些方面特征，就像大多数其他评估数据的措施和方法所做的一样。此外，我们还研究了这些启发式的参数、输出和可用性，以及如何将它们应用于探索性数据分析（EDA）和其他可能的应用。最后，我们研究了处理新启发式时的一些重要注意事项。

在接下来的几章中，我们将探讨有关启发式方法的各种补充主题。这样做是为了更好地从整体的角度来理解整个主题，并平衡你对它们的热情和脚踏实地的观点。

5

启发式方法补充主题

启发式方法是简化的经验法则，可以使事情变得简单且易于实施。好在用户知道它们并不完美，只是权宜之计，因此不会被它们的能力所愚弄。但当我们忘记这一点时，它们就会变得危险。

匿名（Anonymous）

17

启发式方法的局限性

17.1　启发式方法常见局限性概述

当我们过于信任启发式而忘记它们的不完美时，启发式方法可能会很诱人但很危险。也许这就是为什么大多数数据科学和人工智能专业人士，冒着丧失创造力的风险，转而选择其他更成熟的工具的原因。要平衡利用启发式作为表达和培养创造力的方式，同时在启发式方法无法实现的情况下依赖其他工具，并不是一件简单的事情。从本质上讲，这是一个辨别何时使用它们以及使用到什么程度的问题。当我们在决策过程中时刻意识到它们存在局限性时，整个事情就会变得容易得多。

在整本书中，我们都在提局限性。毕竟，每种启发式方法都是一种相对独特的算法，因此有其自身的局限性。然而，所有启发式方法往往有一些共同的固有局限性，我们将在这里探讨以避免陷阱。

首先，我们将研究启发式方法在通用性方面的局限性。毕竟，它们不是稳健的模型，只是帮助我们在分析过程中进行数据建模工作的工具。我们还将研究启发式方法在准确性方面的局限性，并以一些重要的注意事项作为结尾。

17.2 泛化能力局限

让我们通过观察泛化能力来开始探索启发式方法的局限性。很少有人会争论泛化的重要性。毕竟，如果我们可以根据数据分析概括出一个结论或见解，那么就应变得更加稳健有用。既然启发式方法很有用，那它是不是应该具有更好的泛化能力呢？

在一个完美的世界中是的，但在现实中没有。毕竟，它们是工具，而不是模型。模型足够复杂，并且是在非常具有挑战性的条件下开发的，因此它们具有良好的泛化能力，这也是模型的主要工作。另一方面，启发式方法的目标是帮助我们更好地理解数据，稍微调整一下，就可能找到解决问题的好方法并创造性地分析数据。它们不是用来替代模型的，因此，概括总结并非其所长。

具体来说，对于与数据相关的启发式方法，主要关注在单个数据点上，无法反映整个数据集，因此导致泛化效果不佳。或者它们可能非常依赖于一些扩展性不佳的方法，例如，绝大多数距离度量指标旨在让我们了解数据是什么样的，并没有考虑可扩展性和泛化能力。有人可能会说，几乎所有的描述性统计都是这样做的，所以对此我们不应该指望太多。这就是绘图（plot）在数据科学工作中如此受欢迎的原因。

至于与最优化相关的启发式算法，鉴于所涉及问题的性质，同样可能无法很好地泛化。例如，一个特定的启发式最优化算法可能很擅长解决当前的问题，但它可能无法解决该系列的所有问题，也许它需要对其参数甚至功能进行一些调整。这就是为什么要为我们遇到的各种最优化问题找到放之四海而皆准的解决方案是极具挑战性的，也是为什么需要很多元启发式算法的原因。此外，这也是为什么我们可能会寻求使用一组优化器来解决此类问题的原因。

从理论上讲，可以让我们的启发式方法具有更强的泛化能力，但在这方面取得的成功越多，方法就会变得越复杂，副作用也会更多。我们将在本章后面详细讨论这个问题。

17.3 精度限制

精度限制是启发式方法的一个关键缺点，尤其在涉及复杂数据的情况下。这一点还影响到为寻找问题精确解决方案的所有最优化工作。无论做到什么程度，在这两种情况下，启发式方法产生的精度都没有我们期望的高，特别是一个来自非启发式领域的人，更习惯于建立模型和确定性算法。

与数据相关的启发式方法可能会让我们更好地了解数据集中的某些趋势和模式，但它们无法达到 100% 的效果，尤其是当数据集的维度较高时。无论怎么努力，只要使用距离度量指标，预计就会出现这种情况。此外，启发式方法旨在提供见解并帮助我们更好地组织数据，而不是准确地预测某些事情。因此，在某种程度上，错的不是启发式方法，而是我们的期望。例如，通过并行启发式算法计算数据集的密度值，可能与使用更准确的凸包算法（Convex Hull）计算出的数据集密度值不匹配。尽管如此，它已然是一个足够好的近似值了，而且我们通常更关注的是各种数据点之间密度的相对差异。

与最优化相关的启发式算法在准确性方面存在更大的问题。它们专注于高效地提供足够好的解决方案，而不是产生最好的解决方案。因此，如果我们对此抱有期望，我们会感到失望。更重要的是，目标函数值变化不大的高复杂度搜索空间，因为有可能陷入局部最优而无法产生好的解决方案。当涉及很多维度时，情况尤其如此。我们可以通过采用不同起点或不同参数集再次运行优化器来克服这个问题。或者，我们可以使用不同的优化算法并比较它们的结果。

17.4 为什么存在这些限制及权衡

在启发式方法中为什么有这样那样的限制呢？难道我们不能设计更好的启发式方法，摆脱这些限制吗？回答这个问题是深入理解启发式方法的第一步。

尽管可以改进启发式算法让其更加稳健和准确，但这通常会导致失去某些东西，如应用范围。具体包括区别指数的变体、基于距离的区别指数（DID）、可以预测任何给定特征对于各种数据集的好坏程度等。然而，作为一种启发式方法，因为无法预测单个数据点的可辨别性，相比原始的可辨别性指标更为有限。它在很大程度上依赖于各种距离，但又没有使用超球面方法。因此，它更像是一种高级启发式算法。

我们发现与最优化相关的启发式算法，在解决某些特定问题时通常表现得非常精准。例如，作者开发了一个基于启发式的优化器，它非常依赖于以特定的间隔（0 和 1 之间，包括 0 和 1）约束的变量，同时数量也相对较少。对于此类问题的解决，该优化器可能比其他优化算法工作得更好（即更准确），但它并不是万能的。

情况已经很明了，启发式方法越全面、精准，使用上的专业要求就越高。因此，在有用性和泛化能力、准确性之间是需要权衡的。尽管这种权衡在某些启发式方法中并不明显，但它描述了大多数启发式方法的本质——启发式的探索方法。

17.5 重要注意事项

总体而言，启发式方法的局限性如何，以及是如何限制的？或者说，尽管有各种限制，我们需要掌握什么才能充分扬长避短呢？

首先，我们要学习各种各样的启发式方法，以便我们在解决每个问题时选择使用限制较少的方法。仅仅因为某些方法更受欢迎，并不意味着我们就要使用这些方法。我们拥有的启发式工具箱越大，就越有能力解决数据问题，而不会受到各种各样的限制。

其次，如果有必要，对启发式方法我们可以大胆地调整。通过调整，可以解决它们的局限性并尽可能修补它们。我们可能需要为此编写一些额外的代码，但这可以视为一项投资，因为可以借此升级我们的工具并改进我们的编程技能。作为副产品，打磨了我们的创造力并增强了我们解决问题的能力。

再次，当所有方法都无济于事时，我们还可以开发自己的启发式方法。尽管它比修补现有的启发式方法更具挑战性，但也不是高不可攀的事情。不仅如此，通过使用新的启发式方法作为探索数据奥秘的工具，将是一个很好的更深入地挖掘数据并更好地理解它的机会。

最后，如果做不到这些，我们总能找到其他方法来解决问题。也许传统的工具可以帮助我们，或者我们可以依赖一些数据模型或其他算法。启发式方法虽然可以提供帮助，但如果无法提供适当的解决方案，就应该放下思想包袱转而使用其他工具。

17.6　小结

我们从不同角度审视了启发式方法的局限性。首先，我们看到启发式方法在泛化或精确性方面无法获得有效的质量保证，至少对于某些复杂问题是这样的。这是由它们的本质所决定的，也是它们在帮助我们解决问题时，在多功能性和效率方面产生的副作用。如果某个启发式方法更专业，它们将具有更强的泛化能力和更高的精确性，但它们的通用性也会降低，即应用范围更有限。我们还研究了几个启发式方法的泛化能力和精确性受到限制的例子。我们检查了启发式方法的有用性（前文表示为多功能性）与其泛化能力、精确性潜力之间隐藏的权衡选择。最后，探讨了启发式方法局限性的重要注意事项。

除了局限性，在第 18 章中，我们将重点关注启发式方法的潜力。

18

启发式方法的潜力

18.1 启发式方法的潜力概述

启发式方法是一个活跃的研究领域，多年来一直很有前途，这是有原因的，尤其是在数据驱动方法占主导地位的机器学习和人工智能等领域。启发式方法可能会改变我们处理数据的方式，从探索性数据分析到最优化、辅助过程，甚至模型构建。后者尤其适用于目前最前沿的机器学习模型，特别是在预测分析方面。在本章中，我们将探讨该主题的方方面面，重点介绍如何为这一领域的扩展做出贡献，使数据科学更加以数据为驱动和去中心化。

18.2 启发式方法在 EDA 中的潜力

探索性数据分析（EDA）的工具有限，通常只能捕获数据某些方面的特征。我们看到，一些启发式方法通过分析各种变量之间的关系，可以帮助阐明这一问题，特别是当涉及目标变量时。但它的意义远不止于此，因为 EDA 中的许多任务往往被忽略，导致 EDA 之后的特征工程阶段任务更为繁重。传统的方法粗略且相对主观，需要阈值来确定一个点是否为异常值，如果设法使用启发式自动定位异常值会怎么样？或者，当存在多个维度时，使用一些专门的支持向量机（SVM）模型。为这项任务设计启发式方法，可以更有说服力，且更有效地处理问题。

我们可以使用类似基于启发式的方法来处理内点值。到目前为止，内点值受到的关注还不多，但在某些特定情况下的一些内点可能会成为问题，因为它们不会为数据集增加任何数值。在某种程度上，如同大多数外点，这些内点也是噪声，但并不是每个人都知道如何正确处理它们。当然，你不需要成为专家就可以知道，去除噪声数据点（如某些内点）可以使数据科学任务变得更加容易，尤其是在需要聚类时。

还有，我们可以使用启发式方法来处理特殊变量之间的关系，如序数变量。这些变量在涉及市场调查的数据中相当普遍，而且在近几年似乎还在增长。此外，了解如何处理此类变量，可能会在未来针对各种问题开发此类功能，诸如自然语言处理等。

最后，使用启发式方法，我们可以研究在连续变量中测量中心性和扩散的新方法。这样，我们就可以对数据有一个更可靠的看法，而不受其分布异常的影响。这类启发式方法可以与处理不同 EDA 任务的启发式方法联系起来，因为许多任务在更深层次上是相互关联的。在看似无关的事物之间寻找联系是创造力的一个特征表现，因此这种工作是极具有创造性的。

> EDA 是一个创造性的过程，在这里利用启发式方法很有意义。这取决于创新者以这种方式看待它，并在各种数据的探索中可以发现其他启发式方法。

18.3　启发式最优化的潜力

最优化是启发式方法蓬勃发展的领域，并且在可预见的未来将继续蓬勃发展。难怪大多数关于启发式的书籍都专注于最优化应用的元启发式方法。此外，这些也是你遇到的最复杂的问题，有效地解决这些问题是对企业最大的价值提升。这些问题的适用性非常普遍，可以应用于各种领域，因而更具吸引力。

在涉及某些限制的问题中，面向最优化的启发式方法仍然可以发挥作用。我们可以通过先进的元启发式来解决这些问题，有效地考虑这些限制。例如，每当违反限制时，可以对适应度分数（Fitness Score）引入"惩罚"机制。当我们的参数在特定范围内（0 到 1 之间）时，优化空间的定义会更好，而传统的优化方法虽然适用，但可能不是最有效的方法。此外，有时我们面对的限制使我们只需要优化较小的变量集就可以了。例如，如果我们试图找到某个事物的权重，它往往加起来为 1，那么我们就不需要优化所有权重，因为最后一个权重只是 1 减去其他权重的总和。通过这种方式可以简化问题，使整个过程更有效率。

我们还可以通过优化算法的组合来解决复杂问题。这可能看起来有些过分，但如果你处理的问题具有挑战性的搜索空间，自适应策略会产生很大的不同。为了使这种策略发挥作用，我们可能需要有两个或更多优化器在起作用，有时其中一个优化器用于管理其他优化器。正如我们在最优化集成一章中看到的那样，可以使用启发式简化这种复杂情况。

最后，由于某些特定领域的问题包含专业知识，因此可以有专门的优化器来更有效地解决它们。也许这些可以通过调整现有的优化方法，即使用一些以某种方式体现这一领域知识的启发式方法来找到这些优化器。如果你准备好迎接挑战，这将是一个值得探索的可能性。

最优化是一个有创造性的过程，尤其是当涉及复杂问题时。因此，在这种情况下利用启发式方法也很有意义。这取决于我们当中最有创造力的人以创造性的方式，去探索发现其他

（元）启发式方法。

18.4　启发式辅助过程的潜力

辅助过程可能不会成为人们关注的焦点，因为它们与数据科学工作的增值没有直接联系。尽管如此，辅助过程这个利基应用场景还是值得开发的。应用案例涵盖分析业务流程的各个部分，为各种数据科学项目提供价值。

一个例子是把启发式应用在**数据汇总**上，它通过以确定性的方式为给定变量选择数据点，以最佳地展示整体数据。然而，这个过程与抽样不同，抽样几乎总是随机的。**数据汇总**找出给定变量的最重要点，提供它们的度量特征，或者在某些情况下，产生最有代表性点的数学近似值。当数据集很小时，后一个选项非常有用。在任何情况下，即使存在很高的压缩比，启发式的数据汇总都会设法保持数据中的关键特征。这种启发式方法最好的一点是不需要用户提供很多参数，它会根据正在使用的变量计算出如何最好地汇总数据。在回归问题中，对目标变量执行数据汇总非常有用，因为它还可以帮助我们找出在特征集中使用哪些数据点。或者，我们也可以出于 EDA 分析的目的对特定特征执行**数据汇总**。注意，汇总数据在重要性方面可能并不相同，因为汇总中的某些数据点可能比其他数据点具有更大的权重。

各种辅助过程中应用启发式的另外一个有趣例子是为单个变量找到最佳组距，如直方图。这是最简单的启发式方法之一，被称为弗里德曼－迪亚科尼斯规则（Freedman-Diaconis）：

$$h = 2 \times IQR \times n^{-(1/3)}$$

式中，IQR 是箱形图中经常使用的分位数范围（Q3~Q1），n 是数据点的总数。h 值可以帮助我们找到直方图的最佳区间数 b，即 $b = [(\max - \min)/h]$，其中 max 和 min 是变量的最大值和最小值，[ ] 是四舍五入运算到最接近的整数。此外，一旦我们计算出区间数的数量，接下来最好就根据它重新定义 h，使用公式 $h=(\max-\min)/b$。这样，变量将被平均分为 b 个区间，每个区间的大小为 h。

我们可以将这种启发式用于涉及分箱的各种应用，而不仅仅是直方图。此外，我们可以通过使用更精确的方法计算内部范围（本例中为 IQR）来增强这种方法，以便它更能包容不同的数据分布，如多模态或高度偏斜的数据。

18.5　启发式模型构建的潜力

即使已经有成功使用的先例，而且数据模型对许多企业来说是一个很大的财富，启发式方法在模型构建方面还有很长的路要走。所以这里我们只看几个例子。

首先，决策树模型用于解决分类和回归问题。该模型通常称为 CART，代表分类和回归树。CART 分类使用称为基尼系数的启发式方法，在回归问题中使用方差或适用于连续变量的其他一些启发式方法。我们将这两个指标应用于树中使用的每个特征 x，采用节点的形式。这个想法是，通过最小化基尼系数或方差，我们可以弄清楚如何最好地拆分特征 x，使该节点的结果尽可能好，从而使决策树的整体结果更准确。

基尼系数是一种用于测量杂质的启发式方法，无论是针对给定特征还是树的所有特征，都与目标变量 y 相关。因此，对于给定的一组特征 X，我们可以按如下公式计算基尼系数：

$$\text{Gini}(X) = 1 - \Sigma p_i^2, i = 1 \sim \text{nf}$$

式中，p_i 是特征 X_i 与目标变量 y 的重叠比例（即 X_i 和 y 的二元版本相似度），nf 是特征数。

当涉及给定的特征 X_i 时，基尼系数计算如下：

$$\text{Gini}(X_i) = w_1 * \text{Gini}(X_i = \text{true}) + w_2 * \text{Gini}(X_i = \text{false})$$

式中，w_1 和 w_2 分别是整个数据集中 X_i 为真和为假情况的比例。

重申一下，如果 X_i 不是二元变量，我们需要使用阈值将其转变为二元变量，高于该阈值取值 1（真），低于该阈值取值 0（假）。只要涉及连续变量，此二元化过程就会在每棵树中发生。这就是为什么在使用 CART 时，我们不需要对数据集进行归一化处理。

另一种应用于模型构建的启发式方法是 K-均值++，这是一种现代聚类算法。与 K-均值一样，它使用两种启发式方法：Dunn 指数和轮廓宽度（通常称为轮廓分析）来确定最佳聚类结构。在找出被用作质心（聚类中心）的最佳点后，K-均值可以更进一步找出分配初始质心的优势策略（原始 K-均值算法是随机分配初始质心的）。这个过程是通过另一种启发式方法完成的，即到最远质心的距离 d_i，计算公式如下：

$$d_i = \max_{(j:1 \to m)} \| x_i - C_j \|^2$$

式中，x_i 是数据集中计算质心距离的一个点，C_j 是第 j 个质心，m 是已经发现的质心的数量。换句话说，一旦选择了一批质心，我们就可以通过找到离它们尽可能远的点来获得下一个质心。第一个质心是随机选取的。因此，算法本身仍然是随机的，但一旦选择了第一个质心，后续过程就是确定性的。

尽管 K-均值++是一种强大的聚类算法，但可以采用不同的启发式来改进整个聚类过程，甚至可以使整个过程完全可控并可被重现。这均涉及基于启发式的一些更高级过程。

如果深入探索机器学习模型，你会发现更多启发式方法应用于模型构建的案例。此外，许多集成模型也在以某种方式采用启发式方法。无论如何，一旦很好地掌握了启发式理念，就可以使用启发式探索自己的模型构建项目。

18.6　小结

我们研究了启发式方法在数据科学工作中不同领域的潜力，如 EDA 分析、最优化、辅助过程和模型构建（特别是机器学习相关的模型）。具体来说，我们看到了 EDA 分析如何从启发式方法中获益，包括离群值和内点值检测、专门变量的分析，以及测量连续变量的中心性和分布的新方法。更重要的是，我们研究了与最优化相关的启发式方法的潜在功能，比我们在前几章中介绍的更进一步。此外，我们可以通过组合优化器来解决复杂问题，这可能是采用基于启发式的方法来提高效率。此外，我们探索了如何使用定向启发法为数据科学项目增加价值。最后，我们研究了启发式方法如何促进预测模型中的模型构建。

启发式方法在各类数据相关任务中潜力的可能性总结如图 18.1 所示。

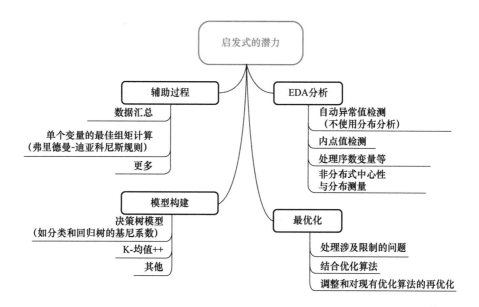

图 18.1　启发式方法在各类数据相关任务中潜力的可能性总结

接下来，我们将研究启发式方法的透明度问题。这也是数据分析中一个无论如何都值得考虑的重要话题。

第 19 章

启发式和透明度

19.1　透明度在数据科学和 AI 中的价值

透明度是数据模型或数据处理过程的一种特征，它使我们能够解释正在发生的事情和原因，或者至少提供了一些关于输出（如模型的预测结果）如何连接到输入（如特征）的见解。透明度是数据科学和人工智能的一个关键方面，另一种相反的选择涉及黑盒子，黑盒中发生的一切模型或流程都是模糊的。

透明度最重要的是可解释性。可解释性涉及我们对输出的解释能力，以及与输入建立关联的能力。因此，如果你有一个二元分类器，就可以预测特定交易是否存在欺诈，具有可解释性的模型将能够向你解释哪些特征在将交易标记为欺诈方面发挥作用。理想情况下，我们能够知道每个特征对分类的贡献有多大。因此，透明度中的可解释性不是非黑即白，更像是一个渐变光谱。

透明度也很有价值，它可以帮助我们更好地理解问题，并从数据中获得更多价值。例如，假设我们知道特征 A 和特征 B 是做出准确预测的关键，我们就专注于获得它们更精确的值，或更多与特征 A 和特征 B 的近似特征。此外，假设我们知道特征 C 和特征 D 对模型的贡献不大，可能会决定完全剔除它们，并避免将来出现类似的特性。这可以使模型训练得更快，并改善整个过程。

透明度–可解释性也是人工智能的关键，因为大多数数据模型都是不可解释的。这是由它们的架构所决定的，其中涉及许多晦涩的转换和其他过程，所有这些都是我们难以理解的。我们可能仅在表面上理解了正在发生的事情，但除此之外，我们对内在机理一无所知。有时，即使是这些人工智能系统的创造者也无法解释它们究竟是如何工作的，以及它们为什么会输出这样的结果。因此，如果我们有更透明的 AI[○]，那就两全其美了，它需要非常准确的模型，以及良好的透明度。不幸的是，这方面的进展非常缓慢。尽管如此，相关研究领域依然十分活跃，即便在大型科技公司中也是如此，这显示了在基于人工智能的模型中实现某种透明度的重要性和价值。

19.2　启发式方法如何帮助提高透明度

启发式方法是如何在提高透明度方面发挥作用的？又该如何增加价值？我们把启发式作为发挥创造力的强力工具，但透明度似乎是一个完全不同的领域。尽管如此，启发式方法还是非常好用的，完全可以在该领域发挥作用。例如，在处理预测分析场景时，我们研究的 EDA 启发式方法非常适合确定哪些变量更重要，以及它们与目标变量之间的关系。这样，即使我们使用黑盒模型，仍然可以知道哪些特征可能对最终结果有贡献，因为启发式方法是独立于我们使用的预测模型的，可以给我们提供一些基本事实。

当我们分析特征和目标变量间的关系时，会选择使用 RBC 或二元相似性度量方法。让

○　通常称为"可解释的人工智能"或"XAI"。

我们再来看看数据。即使我们不考虑任何数据模型，数据可能也会独立地提出见解。因为数据中的关系存在于建模之前，即使模型不是透明的，我们对某些特征扮演角色的理解仍然会存在。这类似于拥有某些领域知识，不过在启发式的支持下，这些知识在数据分析过程中的作用更加基础和可扩展。

还可以通过启发式方法创建一组更透明的元特征来帮助提高透明度–可解释性。例如，当前的自编码器等降维方法很优秀，但它们是黑盒的。如果使用基于启发式方法来执行此任务，整个事情将更加透明。如此一来，就像 PCA⊖方法一样，可以追溯到每个元特征的确切组成部分。这里的最大区别在于，如果你使用最先进的启发式方法，还能够捕获非线性关系，这是 PCA 无法实现的。

此外，我们可以利用启发式修改许多数据预测模型。如果运行得当，可能会获得比原始模型更好的透明度。当然，对于已经不透明的模型，这样做也同样是有意义的。如果我们走启发式路线，可以拥有一整套基于人工智能，又透明的数据模型。当然，这不是一项简单的任务，但在数据驱动模式中，没有任何进展是"容易的"。然而，越多的人致力于这种进步的努力，对每个人来说就越容易，就像人工智能网络 ANN 通过深度学习模型的复兴向我们展示的那样。

最后，（元）启发式方法可以帮助我们优化模型的元参数。如果我们密切关注它们的最佳解决方案，就可以更好地理解是什么让这些模型运转起来的，也就是说，是什么配置让它们运转良好。如果它们作为模型不透明，通过启发式可以更好地理解它们是如何工作的。也许可能还无法达到完全透明，但至少可以了解它们对数据实际发挥的作用。

19.3 构建更加透明的数据科学框架

如果能将对启发式和透明度的理解付诸实践，基于启发式方法，我们将朝着更透明的数

⊖ PCA 是 Principal Component Analysis 的缩写，意为主成分分析法。

据科学框架迈进。毕竟，启发式方法是数据驱动范式的一部分，这种方式正在取得很大进展，似乎是高级分析的未来。

也许有点乐观，但在数据驱动范式下，构建一个更加透明的数据科学框架是可能的，它不仅可解释，而且擅于计算数据几何结构，并能做出精准预测的框架。如果未来真能实现这种框架，也许会帮助我们更好地了解自身的起源。

有趣的是，深入研究统计学的历史，了解像贝叶斯和费舍尔这些人的生活和工作，即使统计模型不再像以前那样强大或流行，但这些先驱们所坚持的数据分析的系统化方法仍然是非常伟大的。那是一个缺乏多功能计算机的时代，除非你把阿达·洛芙莱斯（Ada Lovelace）和她导师使用的原始的计算器也算作计算机。这些先驱者们所做的所有工作都是手工完成的。尽管如此，他们了解了数据的行为，并仅通过数学得出了概括性的结论。

如果以我们对启发式的理解为起点，用同样的聪明才智和推理来解决数据分析问题，会怎么样呢？是否可以对一些我们现在认为理所当然的指标进行改进，甚至重新定义，从而优化我们的数据处理方法？这些都应该是我们不时问自己的问题。至少，它们可以帮助我们重新获得好奇感，这是我们许多人职业追求的关键动力。

19.4　重要注意事项

为了避免误解，你需要深入理解启发式的工作原理。其中一些启发式方法很复杂，并不像看上去那么容易掌握。它们甚至可能是为某种不同的任务设计的。当然，通过充分的实践，可以很好地掌握它们，这有助于使你的分析更具备可解释性。

此外，可以通过构建自己的启发式方法来提升透明度。这并不容易，但确实可行，通过一些实践就可以做到。如果你缺乏动手能力，可以寻求拥有合适技能的人协助，并适当地引导他们。透明度是数据分析中一个有价值的目标，如果你有一些启发性的想法，可以帮助实现这个目标，那就值得以任何方式去实现它。

还有，启发式可能不是一个透明数据模型的可见部分。通常，它们隐藏在模型的引擎中，除了维护和审查代码库的人之外，对所有人都不可见。虽然它们从来都不是数据工具中耀眼的角色，但我们赞扬那些创造性地使用这些工具或任何工具的人。重点不是把启发式放在聚光灯下，值得关注的是我们所使用模型的透明度，以及这些系统为最终用户带来的好处。

最后，透明度是一个相对的术语，即使一个模型不是百分百透明，具有一定的可解释性也是值得肯定的。这有助于为模型和数据驱动模式带来更多的信心，太多模型由于其不透明性（主要是基于神经网络的模型）而名声不佳。尽管由于高准确性，在某些场景中还在使用这些模型，但需注意，透明度可能是数据分析领域的下一个重点需求，也许有一天，它会成为大多数数据模型的需求。所以如果启发式方法能帮助我们解决这个问题，也许我们应该给它一个机会，并在这方面以身作则。

19.5　小结

我们研究了透明度以及启发式方法如何为之提供帮助。透明度在数据科学和人工智能中非常重要。它能够帮助我们对各种模型/过程理解得更好，以及它们的输出如何与输入相关联。更重要的是，我们探索了启发式方法如何通过对特征及其关系的洞察，提高了算法的透明度，尤其是当涉及目标变量时更是如此。此外，我们还了解了如何通过启发式方法为数据科学构建更透明的框架。为了实现这一点，诸多我们认为理所当然的概念，包括模型驱动模式体现的概念，都需要完善和重新定义。最后，我们研究了启发式方法和透明度需要关注的一些重要注意事项。

接下来，关于启发式方法及其在创造力开发方面，我们将分享一些最后的想法，讨论如何利用这些专业知识和更具创造性的思维继续前行。

20

第 20 章

最后的想法

20.1　启发式方法及其价值

　　总而言之，启发式方法的价值体现在两个方面：内部和外部。对内部分与我们作为数据专业人员的自我发展有关，特别是磨炼了我们的创造力和算法思维。这意味着我们能够为工作流程中经常出现的问题找到更好的解决方案，并最终节省资金和资源（如时间、算力、内存和硬盘存储空间等）。

　　后者是启发式方法外部价值的一部分，它允许我们针对问题和新的工作流程制定不同的策略。所有这些都可以节省大量的时间和精力，不仅对我们如此，对工作与数据管道相关的人都是如此。毕竟，它们是创造力的工具，而不是我们在黑客马拉松中用来磨炼技能的炫酷工具。此外，这些工具要能扩展应用于各种场景，而不仅仅局限于导致它们存在的场景。

20.2　启发式来了，创造力是否有尽头

在深入研究了启发式方法的细节和少量可扩展启发式方法之后，你可能对此有些疑惑，由于没有足够的数据，我们会不会永远无法找到问题的准确答案。如果说人类发明史给了我们什么启迪，那就是随着新发现的出现，我们的聪明才智和创造力往往会随之扩大。在艾萨克·牛顿（Isaac Newton）的时代，很少有人关心物理，没有人能在这一领域找到工作或开始职业生涯。这是因为物理学没有创造力吗？显然不是，牛顿证明了他们的错误，并以一己之力改变了物理学，使其成为科学家们尊敬的学科。

类似的情况是，一位伟大的统计研究人员提出一些新颖的想法，开创了统计这个新领域。也许贝叶斯会成为一名职业数据分析师，但在他生活的年代，他是位受人尊敬的英格兰长老会牧师。尽管如此，贝叶斯统计仍然与今天有关，部分原因在于其实证分析方法。如今，随着越来越多的人开始意识到基于数据驱动的数据分析的价值，它们甚至可能正在复兴。在统计领域的创造力，以前没有耗尽，现在也不会耗尽。

除了这些理论性的领域，还有工程学。在 20 世纪初左右，因为缺乏伟大的思想，应用科学（工程学）停滞不前。美国专利局局长亨利·J. 埃尔斯沃思（Henry J. Ellsworth）曾在一篇著名的报告中说："人类已经实现了它所能做到的一切，不再需要专利的发明了。"幸运的是，尼古拉·特斯拉（Nikola Tesla）并没有把这句话当回事，而是开启了我们后来所知的电力和无线通信时代。当你依赖由创造力驱动的实证数据，而不是领域"专家"的瓦釜雷鸣时，一切就会顺其自然地发生。

启发式方法是否只是经验主义与编程结合的另一种表现形式？只有时间能告诉我们答案。在此之前，除非有足够的证据来推翻这一假设，否则根据这一信念采取行动并没有什么坏处。这不正是（数据）科学专业人士所做的吗？

20.3 用启发式方法开发自己的创造力

启发式是创造力的工具，也是开发创造力的好方法。在经验环境中培养创造力的方法有很多，许多钻研编程的人在解决具有挑战性的问题，以及提出优雅而迅速的解决方案方面往往非常有创造力。如果你看到过开发《Quake》游戏的公司计算平方根倒数的函数（因为许多图形相关的计算都依赖于此，所以每个游戏实例都需要解决这个问题无数次），就会明白我的意思了⊖。乍一看，这样的东西就像魔法一样。但如果你深入研究其算法，它只是一个具有创造性的工程。也许想出这个解决方案的程序员并非天生就有这个想法，如果是这样的话，他只是通过创造性的方法优化了那个功能。

不过，最好还是自己尝试一下。给启发式方法一些时间并深入研究它们。也许在需要的时候可以提出自己的启发式方法，然后看看这些过程是否对你的创造力产生了影响。至少，它应该给你解决问题的努力带来更多的信心。感觉很微妙，所以一开始可能没有感觉。然而，如果你在这些努力中投入了时间和精力，就一定会得到回报，即使回报并不显著。

创造力只是一种在开发新解决方案时能以非常规方式做事的方式。尽管有人可能会认为它是从魔法书里出来的，但它实际上并没有什么魔力。所有足够先进的技术在外界看来可能都是这样的。因此，如果我们在数据世界中遇到的创造力都没有本质上的超越性，那它可能比我们想象的更容易获得。也许这只是我们需要培养的技能。到目前为止，我们发现培养新技能的最好方法是通过实践。如果启发式方法可以为你提供一个实践该技能的沙盒，那也许它们可以成为开发你创造力的有效方法。

⊖ https://github.com/githubharald/fast_inv_sqrt 和 https://betterexplained.com/ articles/understanding-quakes-fast-inverse-square-root。

20.4　重要注意事项

对启发式方法的期望有多大，我们来看一看关于它们的一些重要注意事项。首先，启发式是创造力的工具，但不是创造力的替代品。换句话说，如果你正在处理一个只能通过创新性方法解决的新问题，启发式方法可能用不上。如果所有问题的解决都可以外包给启发式方法，工程师就会失业。然而，快速浏览一下就业市场，会发现他们仍然有很高的需求。最近，数据工程师比数据科学家和数据分析师市场需求量更大。这并不是说你必须成为一名工程师才能使用启发式方法，启发式方法不可能取代人类的聪明才智，无论它们多么精巧。

今天的启发式方法可能看起来很神奇（至少对于那些已经开始欣赏这类东西的人来说），这是因为我们可以使用的技术已经处于很高的水平了。几十年前，人们用现在看来很原始的机器提出了这些度量指标和算法。也许今天的启发式方法在不久的量子计算机时代是给高中生玩的东西，也许在先进机器的时代会有更新更好的启发式方法。

此外，学习新的编程语言可以为新的启发式方法开辟道路，就像那些精通内存管理的黑客一样。掌握多种语言的人往往更擅长用母语表达自己和进行交流，这并不是巧合。编程语言在这方面也是如此，也许这就是为什么优秀的程序员往往能获得极大的尊重的原因。所以，如果你对 Julia 语言还不够了解，学习一下可能是个好主意。如果你真的很了解 Julia 语言，也许是时候学习另一门高性能语言了。

此外，要记住，启发式方法也是良莠不齐的。举个与数据工作不相干的例子，身体质量指数（BMI）就是这样一个启发式的指标。虽然它有一定的作用，但对于那些肌肉量大的人来说不是很好，根据这种指标，他们可能被判定为超重。Cathy O'Neal 在她的书中对此有更好的解释。在任何情况下，启发式方法都是通向解决方案的垫脚石，而不是作品本身或准则类的东西。尽你所能地使用它们，但需记住，它们可能存在一些对你来说不明显的缺陷，甚至它们的创造者都不是很明了的缺陷。

此外，好的启发式方法通常需要好的实现。所以，虽然想法很好，但重要的是要注意如何实现它。有时候，在你决定它是否可行之前，最好多尝试几次。更多的时候，退一步海阔天空，可以专注于其他更有前途的事情。无论如何，我们应该记住，过去很多人有很棒的想法，因为没有实现，所以他们从未成功过。如果你需要帮助，最好多和别人探讨，你可能更擅长设计解决方案，而不是实现解决方案（至少目前如此）。

最后，在开发新的启发式方法之前，最好调研一下这个任务已经有哪些启发式方法。也许其他人已经尝试过这个问题，并提出了一个充分解决的算法。所以，想出一个新方法没有必要，它只对你个人有益。这是开源运动和各种代码库的优势之一。因此，如果你希望探索新的启发式方法，最好从其他人还没有涉足过的工作领域开始。

20.5 在启发式的旅程中，路在何方

在启发式的旅程中，可以通过三件事来增强自己的能力：实践、实践、再实践。首先你要专注于更成熟的启发式方法，然后再研究一些实验性的方法，并熟悉它们的逻辑。如果它们是有意义的，并且你可以向别人解释它们而不会看到一个茫然的目光，同时你自己也可以使用这些方法，从某种程度上说它们就是你的。最后，在将它们放入公共存储库之前，你可以继续构建自己的方法论，实现 100% 的内化，并逐渐进入公共领域。

另一种策略是深入研究你所知道的启发式方法，进一步了解它们的局限性。毕竟，所有启发式方法都是在演化过程中的，所以如果你有机会参与它们的发展，务必精益求精。也就是说，你可以查看它们在极端情况下（如大维度或大量数据点）的表现，并查明可能出现的潜在问题。之后，你可以尽可能尝试修复它们。探究还有什么更好的方法能透过表面看本质？

探索启发式世界中的趋势和可能性也是一种策略。数据世界的变化很快，在数据驱动的部分更是如此。因此，启发式算法领域（抑或算法领域）必然会随着时间的推移而发生变化，甚至可能在本书开始被尘封之前。务必培养相应的心态，通过这种方式，可以对正在发生的事情形成直觉，并预测最新的发展。

启发式也可以应用在密码学领域，所以如果你对这个领域和网络安全感兴趣，你可能也想探索一下这种可能性。事实上，反熵启发式方法（Ectropy Heuristic）就是在考虑加密的情况下开发的。

记住，最好的启发式方法是那些尚未发明的方法。换句话说，我们在本书中介绍的所有启发式方法终有一天会进入废纸堆，总会有更新和更好的方法出现。这就是数据世界的方式，越早接受它越好。然而，即使所有这些工具都化为尘烟，有一件事肯定会挥之不去：创造力和你可以将其用于解决问题的冷静自信。希望这也可以体现在新的工具，以及启发式方法相关或其他的方方面面上。

最后，就像国际象棋一样，启发式是获得任何有用结果的基本方法。正如国际象棋世界冠军伊曼纽尔·拉斯克（Emanuel Lasker）所说，"你不用记住名字，抑或数字，或任何孤立的事件，甚至不用记住结果，只需要记住某种方法，是方法产生了无数的成果。"

术　语

A

Accuracy（Rate）[准确性(比率)]：用于评估分类系统的常用指标。它表示预测正确的数据点的比例，适用于平衡数据集。准确性是 K 折交叉验证方法的默认指标。

Algorithm（算法）：计算和逻辑运算的分步过程。在数据科学/人工智能环境中，算法可以设计为促进机器学习并自行获取知识，而不是依赖于硬编码规则。算法通常依靠启发式方法进行评估和决策。

Area Under Curve（AUC）metric ["曲线下面积（AUC）"指标]：基于 ROC 曲线的二元分类器性能的启发式指标。例如，它可以在可用的情况下考虑分类器的置信度，通常被认为是比准确性更稳健的性能指标。AUC 的取值介于 0 和 1（含）之间，值越高越好。通常情况下，取值在 0.5 附近或低于 0.5 都被认为是不好的。

Artificial Intelligence（AI）：[人工智能（AI）]：计算机科学的一个领域，涉及使用计算机系统模拟人类智能及其在各个领域的应用。人工智能在数据科学中的应用是值得重视的，也是该领域的一个重要因素，特别是自 21 世纪以来，人工智能有各种形态和形式，但它与启发式算法密切相关。

Artificial Neural Network（ANN）[人工神经网络(ANN)]：一种基于图形的人工智能

系统，实现了通用合拢器的思想。尽管 ANN 最初是一个专注于预测分析的机器学习系统，但多年来它们已经扩展应用到各种各样的任务中。人工神经网络由一系列称为神经元的节点组成，这些节点按层组织：第一层对应所有输入，最后一层对应所有输出，中间层对应 ANN 创建的一系列元特征，每个元特征都有相应的权重。ANN 本质上是随机的，因此每次通过一组数据训练它们时，权重都会明显不同。

Autoencoder（自动编码器）：一种专用的 ANN，它试图开发数据的低维度表现形式。自动编码器也经常用于开发新的数据点（数据合成）。

B

Bias（of a model）（（模型的）偏差）：预测模型与其性能相关的一个关键特征。高偏差意味着模型始终处于偏离状态，而低偏差意味着模型准确性的平均水平更高。偏差是模型性能的关键组成部分，它与偏差-方差均衡中的方差有关。

Bias-Variance trade-off（偏差-方差权衡）：描述模型性能的某种定律。如果模型的偏差增加，其方差就会减小，反之亦然。对于所有预测分析模型，偏差-方差均衡在模型优化中起着重要作用。

Black Box（黑盒）：一种预测分析模型或过程，在如何实现预测方面不透明或不可理解。许多机器学习模型都是黑盒，与通常透明的统计模型相反。

C

Centroid（质心）：数据点集群的中心。质心的坐标通常是聚类方法的输出之一。

Chromosome（染色体）：在遗传算法（GA）框架中，这是一个潜在的解决方案。每条染色体都由多个基因组成，基因是解决方案的一部分。在交配过程中，两条染色体合并产生一对新的染色体，每条染色体由亲本染色体的不同元素组成。染色体是解决 GA 优化问题的重要组成部分，需要特别注意它们如何编码潜在的解决方案。

Classification（分类）：一种非常流行的数据科学方法，属于预测分析范畴。分类旨在解决基于训练集中已有的分类数据知识为数据点分配标签（也称为类）的问题。

Classifier（分类器）：面向分类问题的预测分析系统。

Clustering（聚类分析）：一种数据科学方法，涉及在给定数据集中查找组，通常使用数据点之间的距离作为相似性指标。聚类是一种无监督的学习方法。聚类通常被认为是 NP 难题，经常用启发式算法和元启发式算法来解决它们。

Codebook（编码本）：请参阅代码本（用于编码）。

Collinearity（共线性）：描述两个或多个要素彼此强相关的状态。共线性可能是某些数据模型存在的问题，通常通过降维来处理。

Confidence（置信度）：旨在反映另一个指标正确程度的指标，通常取介于 0 和 1（含）之间的值。置信水平与统计学有关，但它也适合启发式算法和机器学习系统，因为它作为一个概念是完全独立的。置信水平在分类中尤为重要，因为许多机器学习模型将其用于最终决策，即预测的主要类别是哪一类。

Confusion Matrix（混淆矩阵）：也称为误差矩阵，一个 K-by-K 矩阵，用于描述分类器的命中和未命中，用于涉及 K 类的问题。对于二元问题（仅涉及两个类），矩阵由命中（真）和未命中（假）的各种组合组成，称为真阳性（值 1 预测为 1 的情况）、真阴性（值 0 预测为 0 的情况)、假阳性(值 0 预测为 1 的情况,亦可称误报)和假阴性(值 1 预测为 0 的情况,亦可称漏报)。混淆矩阵是与分类相关的大多数评估指标的基础。

Constraints(in Optimization Algorithms) [(优化算法的)约束]:优化问题的变量所受的限制,所涉及的优化算法需要遵守这些限制。约束采用数学方程式的形式。

Correlation(Coefficient) [相关性(系数)]:以线性方式衡量两个连续变量的相关程度。

Cost Function(成本函数):一种函数,它基于预先分配给不同类型错误的单个成本,评估所有错误分类的总和造成的损失量。成本函数是一种流行的启发式算法指标,用于衡量复杂分类问题中的性能,它依赖于误差矩阵(混淆矩阵)作为其关键变量。

Curse of Dimensionality(维数灾难):参见维数诅咒。

Creativity(创造力):针对问题,提出新颖且有效解决方案的能力。数据科学中的创造力非常需要动手实践,涉及使用各种工具,如启发式方法。

Crossover(交叉):在遗传算法中,它是使两条染色体结合产生后代的运算符。在这个交配过程中,父母双方的基因交叉并结合形成新的染色体,这些染色体将成为下一代的一部分。

D

Data Analytics(数据分析):以数据分析为主要组成部分的领域总称。数据分析比数据科学更笼统,尽管商界人士经常互换使用这两个术语。

Data Drift（数据偏移）：用于训练和测试模型的数据与部署模型后使用的数据存在显著差异的现象。数据偏移可能会导致性能问题，如果不进行维护，最终会导致模型被废弃。

Data Engineering（数据工程）：数据科学管道的一部分，用于获取、清理和处理数据，以便将数据准备好在模型中使用。大多数现代预测模型（如基于 AI 的模型）不需要大量的数据工程，因为它们可以处理更粗糙的数据形式。

Data Exploration（数据探索）：数据科学管道的一部分，使用统计和数据可视化检查各种变量，以便更好地理解并找出在后续阶段解决它们的最佳方法。

Data Model（数据模型）：一个数据科学模块，用来处理和预测某些信息，通常需要事先对现有数据进行预处理来做好数据准备。数据模型由几个增加价值的重要过程组成。在人工智能中，数据模型通常是个复杂的系统，在底层包括多个数据驱动的过程。

Data Point（数据点）：数据集中的一行数据，对应于数据库中的单条记录。

Data Science（数据科学）：跨学科领域对各种数据进行数据分析工作，重点是大数据，目的是挖掘洞察力和/或构建数据产品。数据科学包括机器学习以及其他数据分析框架。

Dataset（数据集）：可用于数据分析项目的数据，以表格或矩阵的形式出现。虽然在许多机器学习模型中可以直接使用这些数据，但有时数据集可能需要一些预处理才能在数据模型中使用。

Density（密度）：用于描述数据集的特定部分，甚至整个数据集的拥挤程度。密度通过专门的高级启发式方法进行评估，其在 EDA 工作中和某些数据模型中非常有用。由于密度启发式方法适用于远距离，因此最好将它们应用于标准化数据。

Deterministic（确定性）：对于相同的输入，始终产生相同结果的过程。例如，所有描述性统计方法都是确定性的，大多数机器学习方法不是确定性的。非确定性过程通常称为随机过程。

Dimensionality（of a Dataset）［（数据集的）维数］：一个数据集中变量/特征的数量。维数越高，数据集越复杂，其中共线性的可能性就越高。

Dimensionality Curse（维数灾难）：因为维数数量庞大，导致模型和指标中与之相关的任何距离或相似性指标失效的问题。维数灾难在任何转导算法和大多数与距离相关的启发式中都很常见。

Dimensionality Reduction（降维）：减少数据集中特征数量的过程，通常通过以更紧凑的形式合并原始特征（特征融合），或者通过丢弃信息不丰富的特征（特征选择）来实现。降维的常用方法是主成分分析（PCA）。两种流行的数据驱动降维方法是 T-SNE 和 UMAP。

Distance（距离）：特征空间中两个点的距离。虽然经常使用欧几里得距离标准来计算距离，但也有其他几种度量方法，它们可能对高维问题（又名维数灾难）更可靠。距离指标在许多启发式方法中是必不可少的，尤其是在与数据相关的工作中。

Documentation（文件记录）：伴随某些算法或指标的任何相关材料（通常是文本）。可能包括其用法、限制和当前实现中已知错误的示例。启发式算法通常比任何其他算法或指标更需要文档，因为它们背后通常没有太多理论。

E

Ectropy（反熵）：用于度量变量或数据集顺序的启发式度量。反熵是熵的补充，相对更容易使用。本书中提到的熵取值介于 0 和 1（含）之间。

Embedding（嵌入）：给定数据集的低维表示。嵌入在降维系统中很常见，尤其是在机器学习系统（如 Isomap 和自动编码器等）。嵌入通常被称为元特征。

Ensemble（集成）："策略性地生成和组合多个模型（如分类器或专家）以解决特定计算智能问题的过程。集成学习主要用于提高模型的性能（如分类、预测、函数近似等），或降低不幸选择不良模型的可能性。"（罗比·波利卡博士）。集成通常是黑盒。在任何情况下，集成都会定期使用某种启发式方法，以便更好地利用数据模型或优化器组件。

Entropy（熵）：一种启发式度量，用于测量变量或数据集中的无序性。熵基于概率，取值介于 0 和无穷大之间。熵比反熵更成熟，它是信息论中的一个基本概念。

Error Rate（错误率）：与准确率相对，属于分类系统的性能指标。它表示预测错误的数据点的比例。错误率适用于平衡数据集，并且与准确率互补：$ER = 1 - AR$。

Exploratory Data Analysis（EDA）［探索性数据分析（EDA）］：数据科学管道的一部分，涉及探索手头的数据并理解所涉及的变量。EDA 至关重要，因为它提供了有关数据集的有价值的洞察，并有助于推动数据模型的开发。如果操作得当，EDA 很大程度上可以依靠启发式方法。

F

F1-Score Heuristic（启发式 F1 得分）：又名 F1 指标，一种流行的分类系统性能指标，定义为精度和召回率的调和平均值，就像它们一样，对应于一个特定的类。在数据集不平衡的情况下，它比准确率更有意义。F1 属于一系列相似的指标，每个指标都是精度（P）和召回率（R）的函数，形式为 $F_\beta = (1 + \beta^2)(P * R)/(\beta^2 P + R)$，其中 β 是与特定聚合指标 F_β 中精度重要性相关的系数。对于 F_1 度量，β 取值为 1（即精度与召回率同样重要）。

False Negative［假阴性（漏报）］：在二元分类问题中，它是类 1 的数据点，预测为类 0。有关其更多的信息，请参阅误差矩阵（混淆矩阵）。

False Positive［假阳性（误报）］：在二元分类问题中，它是类 0 的数据点，预测为类 1。有关其更多的信息，请参阅误差矩阵（混淆矩阵）。

Feature（特征）：能够在数据科学模型中使用的已处理变量，尤其是预测分析模型。特征通常是数据集的列。

Feature Engineering（特征工程）：直接根据可用数据或通过处理现有特征来创建新特征的过程。在数据科学中，特征工程是数据工程的一部分。

Feature Fusion（特征融合）：见融合。

Feature Selection（特征选择）：是一个数据科学过程，通过选择最有希望的特征和丢弃不太有希望的特征来降低数据集的维数。一个特征的前景取决于它对预测目标变量的帮助程度，并且与它的信息丰富程度有关。

Field（领域）：一门科目或学科。本书是关于数据科学领域以及人工智能领域的。在数据驱动的范式下，启发式算法也是这些领域的一部分。

Fitness Function（适应度函数）：大多数人工智能系统的重要组成部分，尤其是与最优化相关的系统。它描述了系统与预期结果的接近程度，并帮助它相应地调整其过程。在大多数人工智能系统中，适应度函数表示错误或某种形式的成本，需要将其最小化。当然在一般情况下它可以代表任何东西，并且根据问题的不同，它可能需要最大化。人工智能系统的适应度函数可以看作是一种专门的启发式指标。

FOSS：免费和开源软件。包括任何许可是免费的软件（如在 CC 许可下），且其源代码可供所有人使用。这使得任何具有编程技能的人都可以改进 FOSS 功能，甚至向其添加新功能。Julia 编程语言是就是 FOSS，而它的所有库和在其上开发的大量脚本也是 FOSS。

Functionality（of a heuristic）（（启发式的）功能）：描述如何通过处理其输入来获取该启发式方法的输出的算法。弄清楚启发式方法的功能对于使其成为可行的工具，以及编写解决其目标的代码至关重要。

Fusion（融合）：通常与特征（如特征融合）结合使用，这涉及将一组特征合并为单个元特征，该元特征封装了这些特征中所有或至少大部分的信息。这是一种流行的降维方法，是每个深度学习系统不可或缺的一部分。

G

Gene（基因）：在遗传算法（GA）中，基因是染色体的一部分（优化问题的潜在解决方案）。基因通过交配过程和交叉算子遗传给下一代。

Generalization（泛化）：数据科学模型的一个关键特征，系统能够可靠地处理超出其训练集的数据。良好泛化的代表是训练集和测试集之间的相似性能，以及整个数据集的不同"训练集-测试集"分区之间的一致性。

Generation（代）：在 GA 中，优化算法的迭代。

Genetic Algorithms（GAs）（遗传算法）：一系列很大程度上依靠启发式算法且本质上是随机的优化算法。遗传算法非常适合与组合相关的问题以及与图相关的问题。

Gini Index（基尼系数）：决策树中使用的一种启发式方法，用于衡量数据集的不纯度以及给定特征的不纯度。基尼指数适用于分类问题。

H

Harmonic Mean（调和平均数）：一种中心性度量，适用于非零正数，并且往往更接近较小的数。调和平均数几乎总是小于算术平均值（传统平均值），它在许多情况下都是非常有用的启发式方法。F1 指标是两个数字的调和平均数（在本例中为精度和召回率值）的示例。

Heuristic（启发式方法）：一种经验指标或算法/函数，旨在提供一些有用的工具或见解，以促进数据科学或人工智能的方法或项目。启发式方法完全由数据驱动，专注于以高效和可扩展的方式执行非常具体的任务。

I

Information（信息）：一段数据中可以通过其他方式传递的任何有用信号。信息也可以被视为经过提炼（蒸馏）的数据，且比数据更高级，更接近我们的理解。从技术角度来看，信息是信号或传输的应用体现。克劳德·艾尔伍德·香农发展的信息理论对此进行了研究。信息通过专门的指标（如熵）与启发式相关。

Inliers（内点）：被认为与数据中的其余点相距太远，但仍在其范围内的数据点（如两组点之间的随机点）。内点通常被归类为噪声，在管道的数据工程阶段通常被省略或替换。

Insight（洞察力）：从对某些数据使用数据科学模型中获得的不明显且有用的信息。洞察力是数据科学项目中的关键可交付成果，有时是专用启发式算法的产物。

Interpretability（可解释性）：更彻底地理解数据模型的输出并推导出它们与其输入

（特征）的关系的能力。缺乏可解释性是深度学习系统以及许多机器学习系统的一个共性问题。我们经常交替使用可解释性和透明度。

J

Julia（Julia 语言）：函数式编程范式的现代编程语言，包括高级和低级语言的特征。它的易用性、高速、可扩展性和足够数量的包，使其成为一种非常适合数据科学的强大语言。该语言的 1.0 版发布后，它已在各种组织中正式投入生产。

K

K-fold Cross Validation（K 折交叉验证）：一种基本的数据科学实验技术，用于构建模型并确保其具有可靠的泛化潜力。K 折交叉验证与性能指标（如准确率或均方误差等）或任何与模型相关的启发式（如 F_1 分数、RBC 和曲线下面积等）结合使用。

K-Means（K-Means 聚类算法）：一种流行的基于所涉及数据点之间距离的聚类方法。它的关键参数 K 对应我们希望在聚类过程中拥有的聚类数。

KISS Heuristic Rule（KISS 启发式规则）：图形设计和其他学科的指导方针，建议从业者"保持简单"，以便最终结果不会太复杂或繁重。KISS 规则也适用于启发式的开发，可能比任何其他数据科学和 AI 相关项目都更适用。

L

Labels（标签）：与数据集的点相对应的一组值，提供有关数据集结构的信息。后者采用类的形式，通常与分类应用程序相关联，包含标签的变量通常是数据集的目标变量。

M

Machine Learning（ML）（机器学习）：一组算法和程序，旨在不依赖统计方法的情况下处理数据。机器学习通常更快，它的某些方法比对应的统计方法更准确，而它们对数据所做的假设更少。机器学习和为数据科学设计的人工智能系统之间存在明显的重叠。

Mapping（映射）：将一个变量或一组变量连接到试图预测的变量（也称为目标变量）的过程。映射可以使用数学函数进行分析，也可以不使用数学函数进行分析，例如使用一组规则或函数网络（如人工神经网络）。映射是每个数据模型中固有的。

Markdown Language（Markdown 语言）：一种用于设置文本格式的轻量级脚本语言。尽管使用开发环境不需要知道 Markdown，但它非常有用，因为它允许您完全控制文本的格式。有关它如何使用 Neptune（海王星）开发环境的更多信息，请参阅附录 B。

Mean Square Error（MSE）（均方误差）：一种用于回归问题的流行性能指标。它涉及获取目标变量与目标变量的预测值之间的差异，对其进行平方，然后取其平均值。在大多数情况下，具有最小此类误差的模型被认为是更好的模型。MSE 可以看作是一种启发式指标。

Metafeatures（Super Features or Synthetic Features）[元特征（又名超级特征或合成特征）]：封装大量信息的高质量特征，通常以一系列常规特征表示。元特征要么在人工智能系统中合成，要么通过降维创建。通常，元特征比它派生的每个特征都具有更强的预测潜力。启发式算法可以成为开发有价值的元特征的强大工具。

Metaheuristic（元启发式算法）：元启发式是一种与问题无关的高级算法框架，它为开发启发式优化算法提供了一组指南/策略。这使得元启发式应用在某些与 AI 相关的应用程序中，这些应用程序在数据科学中也很有用。本书中描述的所有优化算法本质上都是元启发式算法。

Metric（度量）：任何一种为测量某物而设计的数学结构。通常，指标与变量、数据集、函数或模型相关。启发式方法通常用作度量标准。

Model（模型）：用于高效执行映射并具有可测量性能的任何数学结构。我们在数据科学中处理的大多数模型都涉及使用数据和基本事实作为输入，这些称为数据模型。

Model Maintenance（模型维护）：随着新数据可用或问题假设发生变化，更新甚至升级数据模型的过程。

Mutation（突变）：遗传算法中的一个运算符，单个染色体的某些部分会发生轻微变化，以使种群（基因组）更加多样化。

N

Neptune（海王星）：一种代码开发环境，类似于 Pluto（冥王星）和 Jupyter（一种基于网页的编程交互应用），但专门针对 Julia。就像 Jupyter 一样，Neptune（海王星）不关心笔记本单元的执行顺序，同时它非常轻量级，就像 Pluto 一样。Neptune 处理的开发文件具有 .jl 扩展名，可以像使用 Julia 程序一样运行常规的 Julia 脚本。虽然 Neptune 是 Pluto 开发环境的一个分支，但它的功能要好得多，非常适合数据科学工作。

Noise（噪声）：数据集中由于其随机性而不会为数据科学工作增加任何价值的任何部分。噪声通常在数据工程阶段处理，与数据集的信号形成对比。

Normalization（归一化）：转换变量以使其与数据集中的其他变量具有相同比例的过程。这主要是通过统计方法完成的，并且是数据科学管道的数据工程阶段的一部分。最常见的归一化方法是最小-最大值（变量的最小值为 0.0，最大值为 1.0）和标准化（变量的平均值为 0.0，标准差为 1.0）。归一化对于各种启发式的适当功能至关重要，尤其是基于距离的启发式算法。

Notebook（for Coding）［（用于编码的）开发环境］：一种混合了 HTML、CSS 和编程语言（如 Julia）的交互式开发环境。开发环境在分析工作中非常流行，并且通过在运行它们的计算机上创建一个网络服务器来与各种网络浏览器一起工作。你不需要连接互联网来使用开发环境，除非该开发环境位于云端（如谷歌的 Colab）。虽然 Jupyter 是最常见的开发环境，但对于 Julia 用户来说，还有其他选择，如 Neptune（海王星）和 Pluto（冥王星）等。

NP-Hard Problem（NP 难题）：至少与 NP 问题一样难的问题。然而，NP 难题可能更难。理想情况下，NP 难题可以用元启发式方法解决。NP 难题往往不能很好地扩展。

NP-Problem（NP 问题）：一个可以通过非确定性图灵机在多项式时间内解决的问题。NP 问题往往可以很好地进行扩展。

O

Objective（of a Heuristic）［（启发式的）目标］：启发式尝试实现的目标。可以是简单的事情，如测量变量的信息内容，也可以是更复杂的事情，如弄清楚数据集中的每个数据点的独特程度。

Objective Function（目标函数）：优化问题中需要优化的函数。通常它被称为适应度函数。

Optimization（最优化）：一种人工智能过程，旨在在给定一组限制的情况下找到函数（通常称为适应度函数）的最佳值。优化是所有现代数据科学系统的关键，尤其是机器学习系统。虽然有确定性优化算法，但大多数现代算法都是随机的。后者会采用某种方式利用启发式（特别是元启发式）。

Optimizer（优化器）：通常是基于人工智能的一个系统，旨在执行算法优化。许多现代优化器使用启发式，甚至本身就是元启发式。

Outliers（异常值）：被认为与数据集中其余点相距太远的数据点。异常值被归类为噪声，通常在管道的数据工程阶段被忽略或替换。

Overfitting（过拟合）：是指模型对特定数据集过于专业化，产生过多方差的情况。它的主要特征是训练集的性能良好，而任何其他数据集的性能较差。过拟合是过于复杂模型的一个特征。

P

Parallelism（并行性）：通过多线程或集群计算，使用并行计算来促进和加速某些进程。并行性在各种与 AI 相关的应用程序中是必需的，包括优化集成（就此而言，甚至是常规优化器）。

Particle Swarm Optimization（PSO）（粒子群优化）：一种基于特定启发式算法的，且基于群的优化算法。PSO 是包含连续变量问题的理想选择，本质上是随机的。

Performance Metric（性能指标）：一种旨在评估数据模型性能的启发式方法。性能指标是验证模型的重要组成部分，为确保模型已准备好而投入使用。此外，每种方法都有自己的性能指标。分类的常用性能指标是准确度和 F1 分数，而回归通常使用均方误差。大多数性能指标本质上都是为此目的而设计的启发式算法。

Pipeline（流水线）：也称为工作流，它是一个涉及多个步骤的概念过程，每个步骤都可以由几个其他过程组成。管道对于组织执行任何复杂过程（通常是非线性）所需的任务至关重要，并且非常适用于数据科学（此应用程序称为数据科学管道）。

Population（种群）：在遗传算法中，是指所有染色体的集合，有时也称为基因组。

Precision（精度）：分类系统的性能指标，侧重于特定类。它定义为该类的真阳性与该类相关预测总数的比率。作为分类的性能指标，精度与召回率相辅相成。这两个指标的组合产生了一系列有用的启发式方法，其中最著名的是 F1 分数。

Predictive Analytics（预测分析）：一组数据分析方法，与某些变量的预测有关。它包括分类、回归、时间序列分析等多种技术。预测分析是数据科学的关键部分，也是为数据科学项目增加最大价值的部分。

Preprocessing（预处理）：在数据工程阶段执行的任何任务或任务集，以确保数据集已准备好用于数据模型。预处理通常是必不可少的，尤其是当目标变量存在某种不平衡时。启发式方法可以在预处理过程中提供巨大帮助。

Problem（问题）：在工作或解决方案（如数据产品等）的开发过程中出现的任何障碍。问题以各种形式出现，并且往往是特定领域的。对于某些问题，有一些公式或过程（算法）可以帮助我们解决它们。对于其他所有内容，启发式方法可以有效应对。

R

Recall（召回率）：分类系统的性能指标，侧重于特定类。它定义为该类的真阳性与该类相关的数据点总数的比率。召回率与对精度相辅相成，作为分类的性能指标。这两个指标的组合产生了一系列有用的启发式方法，其中最著名的是 F1 分数。

Robust（Model）[稳健（模型）]：模型不会过度拟合的状态，在不同的数据样本中产生一致的性能。稳健模型被认为足够可靠，可以用于生产。

ROC Analysis（ROC 分析）：ROC 是受试者工作特征（Receiver Operating Characteristics）的简称，一种二元分类器的评估方法，检查假阳性率（误报率）和真阳性率（召回率）如何相互关联。这种分析的结果通常采用曲线的形式（又名 ROC 曲线），而该曲线下的面积可以用作整体评估指标（又名 AUC）。然而，即使没有 AUC 指标，ROC 分析也很有用。因为它检查了决策阈值的不同值（通常描述为 λ）如何影响分类器的结果，帮助我们确定对于手头的问题来说 FP 和 FN 之间的最佳权衡是什么。

ROC Curve（ROC 曲线）：表示二元分类问题在真阳性和假阳性之间进行权衡的曲线，可用于评估所使用的分类器。ROC 曲线通常是一条锯齿线，表示每个假阳性率值对应的真阳性率。曲线下的面积也用作评估指标，即 AUC 启发式。

S

Sample（样本）：可用数据的有限部分，可用于构建模型，并且（理想情况下）代表它所属的人群。

Sampling（抽样）：使用专业技术获取总体样本的过程。正确进行抽样非常重要，以确保所得样本代表所研究的人群。抽样需要确保无偏见，这个过程通常是通过随机化完成的。尽管如此，可以通过某些启发式方法确定性地执行采样。

Scope（范围）：启发式算法功能上的关键特征。启发式的范围与其可用性和其可以处理用例的广度密切相关。范围也与启发式的目标密切相关。

Sensitivity Analysis（敏感性分析）：在初始数据不同的情况下，确定结果的稳定性，或模型性能发生变化的可能性的过程。敏感性分析涉及多种方法，如重采样、"假设"问题等。对于二元分类问题，它涉及额外的工具，如 ROC 分析等。

Signal（信号）：数据集的基础要点，用于描述附近数据中的信息。信号不容易测量，而且通常会被数据中的噪声干扰。

Similarity Metrics（相似性指标）：帮助我们评估两个变量或数据点相似性的各种指标，主要用于启发式方法。例如，余弦相似性考虑了我们正在比较的对象（如高维空间中的两个数据点）相对于参考点（所有轴相交的点）的矢量角度。其性质决定了此指标不受空间维度的影响，因为它不使用距离计算。

Solution（解决方案）：解决给定问题的值或值集合。在软件工程中，解决方案采用完整软件的形式，而在数据相关学科中，采用特定数据集合（有时可以用图形表示）。尽管在某些域中需要准确的值，但通常情况下，足够接近的近似值也是一个可行的选择。解决方案往往使用专门的算法和/或启发式算法来实现。

Solution Space（解空间）：问题的所有可能解决方案所在的空间。有效地遍历解空间通常是通过使用一些可加快该过程的启发式方法来实现的。

Stochastic（随机性）：本质上是概率性的（即非确定性的）。随机过程在大多数人工智能系统和其他高级机器学习系统中很常见。

Subfield（子字段）：字段的分区。优化是人工智能的一个子领域，统计学是数学的一个子领域。虽然启发式算法尚未被视为子领域，但它们是数据分析的重要组成部分，尤其是在数据驱动的范式中。

Swarm（群）：某种优化器（如 PSO）中所有潜在的解决方案（也称为粒子）的集合。

T

Target Variable（目标变量）：作为预测分析系统（如分类或回归系统）目标的数据集变量。

Testing Set（测试集）：数据集的一部分，用于在训练预测分析模型后和部署预测分析模型前对其进行测试。测试集通常对应于原始数据集的一小部分。

Tool（for Data Science and AI）［（用于数据科学和人工智能的）工具］：任何有助于我们完成数据科学项目的方法或模型。这可以为我们提供预测、置信度评估、绩效评估，还包括有助于我们理解相关流程的内部运作（透明度）。启发式是实现这一目标和表达我们创造力的好工具。

Training Algorithm（训练算法）：用于训练深度学习系统（或一般的预测分析模型）的算法。它需要弄清楚要保留哪些节点以及它们的连接具有什么权重，以便对问题进行良好的概括。反向传播是一种成熟的训练算法，适用于各种人工神经网络，包括深度学习系统。

Training Set（训练集）：数据集中用于在测试和部署预测分析模型之前对其进行训练的部分。训练集通常对应于原始数据集的最大部分。

Transparency（in a Data Model or Process）［（在数据模型或流程中的）透明度］：模型或过程的一个重要特征，与解释它如何得出特定结论的能力以及对其预测能力的信心有关。

缺乏透明度通常被称为"黑盒"，透明度通常也被称为可解释性。

Transductive（Model or Heuristic）［(模型或启发的)直推式］：使用直接推理，通常通过距离来度量。直推法是对传统归纳法和演绎法的补充。

True Negative（真阴性）：在二元分类问题中，它是 0 类的数据点，预测也是如此。有关其更多的信息，请参见误差矩阵（混淆矩阵）。

True Positive（真阳性）：在二元分类问题中，它是第 1 类的数据点，预测也是如此。有关其更多的信息，请参见误差矩阵（混淆矩阵）。

U

Underfitting（欠拟合）：模型的方差不足，导致性能始终不合格的状态。欠拟合是一个以高偏差为特征的过于简单化模型的标志。

Usability（可用性）：启发式的一个关键特征，与用户如何感知和使用有关。就像范围一样，可用性与启发式的算法功能相关联。

V

Variable（变量）：数据集中的列（无论是在矩阵中还是在数据帧中）。通常针对变量在对它们执行数据工程后，可以转换为特征。

Variance（of a Model）［(模型的)方差］：预测模型性能的一个关键特征。高方差模型必然不稳定，因此不可靠。低方差通常更好，模型的整体性能也必须考虑其偏差。

Variance（of a Variable）［（变量的）方差］：与变量值相对于其平均值的变化方式相关的度量。方差在大多数统计模型中以及描述变量的度量中都很重要。

W

Workflow（工作流）：参见管线（流水线）。

附　　录

附录 A　启发式的关键组成部分

1. 目的/目标

这是最重要的部分，它与启发式方法试图解决的问题，以及现存的各种限制密切相关。目标适用于优化问题，以及各类与数据相关的复杂问题。

目的是启发式所有目标的总和，当你开始启发式相关的旅程时，将其清楚地表述出来是很重要的。在复杂的情况下，启发式的目的通常表示为一系列目标。这些与启发式的输出有关，尽管它们也可能是某个单项输出的中间步骤。在处理问题时，目标可能与问题的具体解决方案或解决方案的不同阶段相关。在开始创建启发式方法时，写下启发式的目标通常很有用。

2. 功能

功能本质上是启发式的算法，即用其输入获得输出的方法。启发式的功能对于理解启发式至关重要，因为它赋予了方法的具体用途，并使其以更具象的形式出现，如编程语言中的函数。正因为如此，在开发一个新的启发式算法时，功能是启发式算法中最具挑战性的部分。但是，清楚地了解启发式的其他方面会有很大帮助。

注意，对于更复杂的启发式方法（包括大多数元启发式方法），功能涉及多个辅助功能的使用，这些辅助功能可以促进甚至完成启发式方法的各种过程。对启发式的功能有一个清晰的概念，使我们能够编写干净高效的代码来实现这些功能。它还有助于创建整个功能的流程图，以及要使用的所有基本辅助功能的列表，尤其是对于那些相当复杂的启发式方法。

3. 参数、输出和可用性等

参数、输出和可用性等这些方面也很重要，它们有助于启发式更加具体，便于他人可用。此外，在开发新的启发式方法时，它们可以帮助我们更好地理解并更有效地实践。

特别是，应用范围对于管理期望和定义启发式的适用性非常重要。这涉及启发式适用于哪些类型的变量，它可以解决哪些问题，以及它的局限性如何。对范围的清晰理解对于有效地使用启发式方法和证明其用处是至关重要的。在创建新的启发式方法时，确定范围也很重要，因为它可以帮助我们限定要解决的问题，从而更有效地解决问题。

关于启发式的参数也很重要，因为它们使其功能更加具体。本质上，它们是启发式的输入，并在如何解决当前问题的过程中发挥重要作用。某些参数涉及处理的具体数据（如数据集中的一个变量子集或它试图优化的目标函数），而其他参数涉及处理的过程。优化启发式算法中与数据无关的参数有时本身就是一个问题，这就是为什么参数很少的启发式算法通常更可取。然而，为了使启发式算法更适用于某种问题（即具有更大的适用范围），一些与数据无关的参数是必需的。

至于启发式的输出，其本质上是启发式解决问题的潜在解决方案。在优化中，输出采取一组变量值的形式，可以最大化或最小化目标函数，同时尊重问题所需的任何限制。此外，启发式的输出可能包括一些额外的信息，这些信息可能对其他过程有用。在设计启发式方法时，定义输出通常是一个很好的起点，这样就能清楚地知道你希望从中得到什么了。

4. 重要提醒

启发式方法总是受到各种限制的，而且常常面临不准确的问题。然而，它们是解决问题的良好开端，并可能提供有助于解决问题的更多见解。有时，启发式指标可以作为元启发式方法的基础，元启发式方法可以彻底解决问题（在预定义的范围内）。因此，当你开发一个启发式方法时，请记住，你不是在与最佳解决方案竞争。

此外，通过开发和实施启发式方法，可以培养你的创造力，并积累解决问题的经验。有时候，除非与正确的算法打包使用，启发式方法可能不会给人留下深刻印象或带来良好的价值，这一点也要特别留意。最后，在开发一个新的启发式方法时，阅读启发式的任何文档并编写这样一段文本总是很重要的。

附录 B　在计算机上安装和使用 Neptune

1. 安装软件

首先，确保你的计算机已安装了 Julia 语言。你可以在官方网站上找到该语言的最新版本，并提供一些关于该语言如何在你的机器上工作的评论，网址为 https://julialang.org/downloads。

接下来，你需要确保已经安装了 Neptune 软件包。当你在 Julia 环境中（即可以看到 "Julia >" 提示符），可以通过以下步骤进行操作。

1）按<］>键将提示符从 "julia>" 更改为 "（@v1.x）pkg>"（这是包管理器），不需要按<Enter>键。

2）输入 "add Neptune" 并按<Enter>键。这可能需要几秒钟，它在安装和可能更新你的存储库，以确保 Neptune 可以顺利运行。你需要一个互联网连接。

2. 在 Julia 上运行 Neptune

运行 Neptune 需要完成以下步骤。

1）运行 Julia。

2）输入"使用 Neptune"并按<Enter>键，这样会将包加载到内存中。

3）输入"Neptune. run( )"并按<Enter>键，这样会在你的浏览器上打开一个窗口或标签，Neptune 主屏幕将出现如图 B. 1 所示。注意，Neptune 最适合基于 Chrome 的浏览器。如果你有一个不同的浏览器作为默认，最好输入"Neptune. run（; launch_browser = false）"代替，并手动复制 Neptune 提供的链接到你的浏览器上。

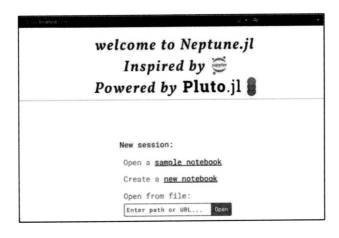

B. 1　Neptune 主屏幕

4）选择要打开的示例码本或者创建一个新码本（如你可以打开本书提供的码本，它们都有一个相关的名称，表明它们是 Neptune notebooks，而不是传统的 Julia 脚本文件），如图 B. 2所示。

5）完成工作后，可以通过按下<Ctrl+C>组合键退出 Neptune，也可以关闭浏览器上相应的窗口/标签页。如果 Neptune 包没有激活，将无法使用它做很多事情。

在 Neptune 码本单元格中使用的命令与在 Julia 中的基本相同。但是，对于写入文本，需要使用如下 markdown 命令。

```
Md"""一些文本和格式化字符"""
```

如果你不熟悉 markdown，可以查阅网址：https://www.markdownguide.org/basic-syntax

B. 2   打开示例码本

进行了解。

3. 学习这个软件的额外材料

关于 Julia 语言的快速参考，可以使用这个网页：https://juliadocs. github. io/Julia-Cheat-Sheet。

有关 Neptune 的最新文档，可以查看其官方 Github 网址 https://github. com/compleat-horseplayer/Neptune. jl。

注意，Neptune 很大程度上是基于 Pluto 笔记本的，虽然它很棒，但并不非常适合数据分析工作。尽管如此，认真地学习 Neptune 是一个很好的开端。有关 Pluto 命令的快速概述，可以参考此网址 https://github. com/fonsp/Pluto. jl/wiki/%F0%9F%94%8E-Basic-Commands-in- Pluto。

4. 重要注意事项

虽然你可以通过文本编辑器（如 Atom）编辑 Neptune 笔记本（notebook），但除非你真的知道自己在做什么，否则最好不要这样做。这些码本文件非常敏感，如果你更改它们，可能无法正常工作。例如，每个单元格都有自己唯一的引用 ID，作为注释包含在其中，摆弄它可能会弄坏笔记本（notebook）。

此外，为了使 Neptune 正常工作，它需要运行多个包，你可以在每个 Neptune 代码本文件中看到这一点。因此，请确保将它们保存在 Julia 包库中，即使你不在其他地方使用它们。

更重要的是，一旦对 Neptune 笔记本做了一些更改，在关闭该进程（通常从终端或 Julia）之前，通过单击笔记本顶部的相应链接，向其"提交所有更改"是一个很好的操作。如果不这样做，可能会在关闭浏览器上的 Neptune notebook 选项卡或窗口时丢失所有工作（至少是最新的部分）。

最后，与 Jupyter 不同，Neptune 不会将输出保存在 notebook 文件中，甚至不保存文本单元格。因此，如果你想展示一个被执行的 notebook，就需要将其导出为 PDF 或 HTML 文件，如图 B.3 所示。

B.3　导出为 PDF 或 HTML 文件